智能建造应用与实训系列

无人机技术智能测绘

主　编　纪颖波

副主编　丁　阔　张鹏鹏　管东洋

参　编　宋志飞　李　刚　叶　明　豆　兰　覃洁琼
董智海　宋雨娟　张丽丽　张洪军　郭雪川
朱镒镕

机械工业出版社
CHINA MACHINE PRESS

本书共分7章，从理论、实践和应用三大部分，详细讲解了无人机的智能测绘技术。前4章为理论部分，其中内容包括：多旋翼无人机基础知识，涵盖了无人机基本概念和系统构成；无人机摄影测量技术，涵盖了摄影测量技术的发展、空中三角测量、影像特征的提取及匹配、数字地面模型的建立等。第5、6章为实践部分，内容侧重飞行实践和数字建模，详细内容包括飞行前的准备工作、无人机飞行操作、任务载荷设备以及三维实景模型的构建。第7章为应用部分，以多个行业的实践应用场景为例，详细介绍了当前无人机测绘技术的广泛应用。

本书内容系统全面、图文并茂，层次由浅入深，适合作为摄影测量、GIS、测绘工程等相关专业的教材使用，也可作为从事无人机摄影测量技术工作人员的参考用书。

图书在版编目（CIP）数据

无人机技术智能测绘/纪颖波主编.—北京：机械工业出版社，2024.1
（智能建造应用与实训系列）
ISBN 978-7-111-74102-2

Ⅰ.①无…　Ⅱ.①纪…　Ⅲ.①无人驾驶飞机－航空摄影测量　Ⅳ.①V279

中国国家版本馆CIP数据核字（2023）第201573号

机械工业出版社（北京市百万庄大街22号　邮政编码100037）
策划编辑：薛俊高　　责任编辑：薛俊高　张大勇
责任校对：贾海霞　张　薇　　封面设计：张　静
责任印制：任维东
北京中兴印刷有限公司印刷
2024年1月第1版第1次印刷
184mm×260mm·9印张·180千字
标准书号：ISBN 978-7-111-74102-2
定价：35.00元

电话服务　　网络服务
客服电话：010-88361066　　机　工　官　网：www.cmpbook.com
010-88379833　　机　工　官　博：weibo.com/cmp1952
010-68326294　　金　书　网：www.golden-book.com
封底无防伪标均为盗版　　机工教育服务网：www.cmpedu.com

前　言

当前传统的测绘方法已经无法满足我们对于高精确度和高效率的需求，而无人机技术的出现，为我们提供了一种全新的解决方案，带来了革命性的变革。通过搭载各种高精度传感器和相机，无人机可以实现对大范围地形地貌的快速、高效测量，从而大大降低了测量成本，提高了工作效率。本书在无人机测绘相关理论的基础上，突出实践教学部分，力求深入浅出，通过大量的实例和案例，让读者能够深入了解无人机技术在测绘领域的实际应用，激发创新思维，提高实践能力。

本书共分7章，按照理论—实践—应用的组织结构进行编写。前4章为理论部分，从无人机基础知识和倾斜摄影测量技术两方面进行介绍，尽量做到通俗易懂、重点突出；第5、6章为实践部分，按照从无人机任务执行规划到倾斜摄影自动化建模的工作流程进行介绍，将理论知识融入具体的实践环节中，具有很强的实用性和指导性；第7章为应用部分，整理了近几年来无人机测绘在各个行业中的应用及成果，展示了无人机技术在测绘领域的广泛应用前景。

本书由北方工业大学纪颖波教授任主编，北方工业大学丁闯、北京天弘基业总经理张鹏鹏、中海达北京分公司总经理管东洋任副主编，其他参编人员还包括大疆公司李刚、天际航公司豆兰、北京测绘学会秘书长董智海等，同时水利部信息中心宋凡等也为本书的编写提供了帮助和支持。此外本书在编写过程中，还参考了许多相关领域的书籍和论著，在此为了行文方便不再逐一注明，特向相关作者表示诚挚的谢意。

由于编者的水平有限，书中难免存在错误和不足之处，敬请广大读者予以批评指正。

编　者

2023年6月于北京

目　录

第 1 章　无人机概述

1.1　无人机的基本概念

无人机（Unmanned Aerial Vehicle，简称 UAV），是利用无线电遥控设备和自备的程序控制装置操纵的不载人飞机，或者由车载计算机完全地或间歇地自主操作，更加规范地讲，应当称为“无人驾驶航空器”。

无人驾驶航空器系统包括天、地、通、载四大部分。天是指在空中飞行的无人机；地是指地面的控制站以及其他地面设备；通是指地面控制站与空中无人机联系起来的指令与控制数据链路；载是指无人机为实现特定任务所配备的载荷，例如航拍类无人机所需要的录像设备，植保类无人机所需要的农药喷洒设备等，无人机只是无人驾驶航空器系统的一部分。

多旋翼无人机，是一种具有三个及以上旋翼轴的特殊的无人驾驶航空器，其通过每个轴上的电动机转动，带动旋翼，从而产生升推力，通过改变不同旋翼之间的相对转速，可以改变单轴推进力的大小，从而控制飞行器的运行轨迹，图 1-1 所示为一种多旋翼无人机。

图 1-1　多旋翼无人机

多旋翼无人机按照轴数可分为三轴、四轴、六轴、八轴等，其中四轴无人机是所有多旋翼无人机中效率最高的一种，也是我们日常见到最多的布局方案，六轴及以上布局的多旋翼无人机一般具有断桨保护功能，从而安全性更高。在选择多旋翼无人机时可根据我们不同的要求选择不同构型的多旋翼无人机，例如需要续航时间长的多旋翼无人机，最好选择大四轴布局的；再例如需要飞行速度快、抗风性好的多旋翼无人机，最好选择共轴八桨的。

1.2 无人机的分类

如图 1-2 所示，无人机主要有固定翼无人机、单旋翼无人机（无人直升机）和多旋翼无人机三大类型，其他小种类无人机类型还包括伞翼无人机、扑翼无人机和无人飞艇等。固定翼无人机是军用和多数民用无人机的主流类型，最大特点是飞行速度较快；单旋翼无人机是灵活性最强的无人机类型，可以原地垂直起飞和悬停；多旋翼（多轴）无人机是消费级和部分民用用途无人机的首选类型，灵活性介于固定翼和单旋翼中间（起降需要推力），但操纵简单、成本较低。

固定翼无人机

单旋翼无人机

多旋翼无人机

伞翼无人机

扑翼无人机

无人飞艇

图 1-2　常见的无人机类型

1.2.1 按用途分类

无人机按用途可分为军用、民用和消费三大类，对于无人机的性能要求则各有偏重。

（1）军用无人机　对于灵敏度、飞行高度、速度、智能化等有着更高的要求，是技术水平最高的无人机，包括侦察、诱饵、电子对抗、通信中继、靶机和无人战斗机等机型。

（2）民用无人机　一般对于速度、升限和航程等要求都较低，但对于人员操作培训、综合成本有较高的要求，因此需要形成成熟的产业链以提供尽可能低廉的零部件和支持服务，目前来看民用无人机最大的市场在于政府公共服务，如警用、消防、气象等，占到总需求的约 70%，未来无人机潜力最大的市场可能就在民用，新增市场需求可能出现在农业植保、货物速递、空中无线网络、数据获取等领域，如图 1-3 所示。

图 1-3　不同用途的民用无人机

（3）消费级无人机　一般采用成本较低的多旋翼类型，用于航拍、游戏等休闲用途。

1. 2. 2　按尺度分类

无人机按尺度可分为微型无人机、轻型无人机、小型无人机以及大型无人机。

1）微型无人机是指空机质量小于等于 7kg 的无人机。

2）轻型无人机是指空机质量大于 7kg 且小于等于 116kg 的无人机。

3）小型无人机是指空机质量大于 116kg 且小于等于 5700kg 的无人机。

4）大型无人机是指空机质量大于 5700kg 的无人机。

1.2.3 按任务高度分类

按任务高度，无人机可分为超低空无人机、低空无人机、中空无人机、高空无人机和超高空无人机。

1）超低空无人机任务高度一般小于等于100m。

2）低空无人机任务高度一般大于100m且小于等于1000m。

3）中空无人机任务高度一般大于1000m且小于等于7000m。

4）高空无人机任务高度一般大于7000m且小于等于18000m。

5）超高空无人机任务高度一般大于18000m。

1.2.4 按活动半径分类

按活动半径，无人机可分为超近程无人机、近程无人机、短程无人机、中程无人机和远程无人机。

1）超近程无人机活动半径一般小于15km。

2）近程无人机活动半径一般大于15km且小于等于50km。

3）短程无人机活动半径一般大于50km且小于等于200km。

4）中程无人机活动半径一般大于200km且小于等于800km。

5）远程无人机活动半径一般大于800km。

1.3 无人机的空域管理

由于无人机应用出现时间较短，国家和行业还未建立起完善的监管体系和行业规范，目前存在大量无人机扰乱国家空管秩序，并引发违法犯罪的行为，造成了民事侵害，同时也存在恐怖活动的隐患。

各行业在不断利用无人机的同时，还要不断探索出一条充分挖掘无人机的优势，避免无人机滥用、恶意使用的道路。所以对国家安全机关、重点防控单位，需要建立无人机反制方案和措施，防止以上情况的发生。

我国2018年1月26日公布的《无人驾驶航空器飞行管理暂行条例》（征求意见稿）第二十七条规定，未经批准，微型无人机禁止在以下空域飞行：

1）高50m以上空域。

2）空中禁区以及周边2000m范围。

3）空中危险区以及周边1000m范围。

4）机场、临时起降点围界内以及周边2000m范围的上方。

5）国界线、边境线到我方一侧2000m范围的上方。

6）军事禁区以及周边500m范围的上方，军事管理区、设区的市级（含）以上党政机关、监管场所以及周边100m范围的上方。

7）射电天文台以及周边3000m范围的上方，卫星地面站（含测控、测距、接收、导航站）等需要电磁环境特殊保护的设施以及周边1000m范围的上方，气象雷达站以及周边500m范围的上方。

8）生产、储存易燃易爆危险品的大型企业和储备可燃重要物资的大型仓库、基地以及周边100m范围的上方，发电厂、变电站、加油站和大型车站、码头、港口、大型活动现场以及周边50m范围的上方，高速铁路以及两侧100m范围的上方，普通铁路和省级以上公路以及两侧50m范围的上方。

第二十八条规定，划设以下空域为轻型无人机管控空域：

1）真高120m以上空域。

2）空中禁区以及周边5000m范围。

3）空中危险区以及周边2000m范围。

4）军用机场净空保护区，民用机场障碍物限制面水平投影范围的上方。

5）有人驾驶航空器临时起降点以及周边2000m范围的上方。

6）国界线到我方一侧5000m范围的上方，边境线到我方一侧2000m范围的上方。

7）军事禁区以及周边1000m范围的上方，军事管理区、设区的市级（含）以上党政机关、核电站、监管场所以及周边200m范围的上方。

8）射电天文台以及周边5000m范围的上方，卫星地面站（含测控、测距、接收、导航站）等需要电磁环境特殊保护的设施以及周边2000m范围的上方，气象雷达站以及周边1000m范围的上方。

9）生产、储存易燃易爆危险品的大型企业和储备可燃重要物资的大型仓库、基地以及周边150m范围的上方，发电厂、变电站、加油站和中大型车站、码头、港口、大型活动现场以及周边100m范围的上方，高速铁路以及两侧200m范围的上方，普通铁路和国道以及两侧100m范围的上方。

10）军航低空、超低空飞行空域。

11）省级人民政府会同战区确定的管控空域。

未经批准，轻型无人机禁止在上述管控空域飞行。管控空域外，无特殊情况均划设为轻型无人机适飞空域。植保无人机适飞空域位于轻型无人机适飞空域内，高度不超过30m，且在农林牧区域的上方。

1.4 无人机的发展趋势及应用前景

1.4.1 军用无人机

军用无人机的诞生可追溯到1914年，第一次世界大战期间。英国提出研制一种无人驾驶，而用无线电操纵的小型飞机，使它能够飞到敌方上空进行投弹，之后该计划被命名为“AT计划”。1927年，该计划研制的“喉”式单翼无人机成功进行试飞并引起极大轰动。之后无人机不断发展，进入21世纪，世界各国都在大力发展各种用途的无人飞行器，目前世界上30多个国家已研制出了50多种无人机，有近60个国家装备了无人机。无人机成为21世纪武器装备发展中的最大亮点。随着计算机技术、自动驾驶技术和遥控遥测技术的发展，以及对无人机战术研究的深入，无人机在军事方面的应用日益广泛，并有望在未来成为主流。

1.4.2 民用无人机

民用无人机下游需求非常广泛，包括农业、电力石油、检灾、林业、气象、国土资源、警用、海洋水利、测绘、城市规划等多个行业，如图1-4所示。

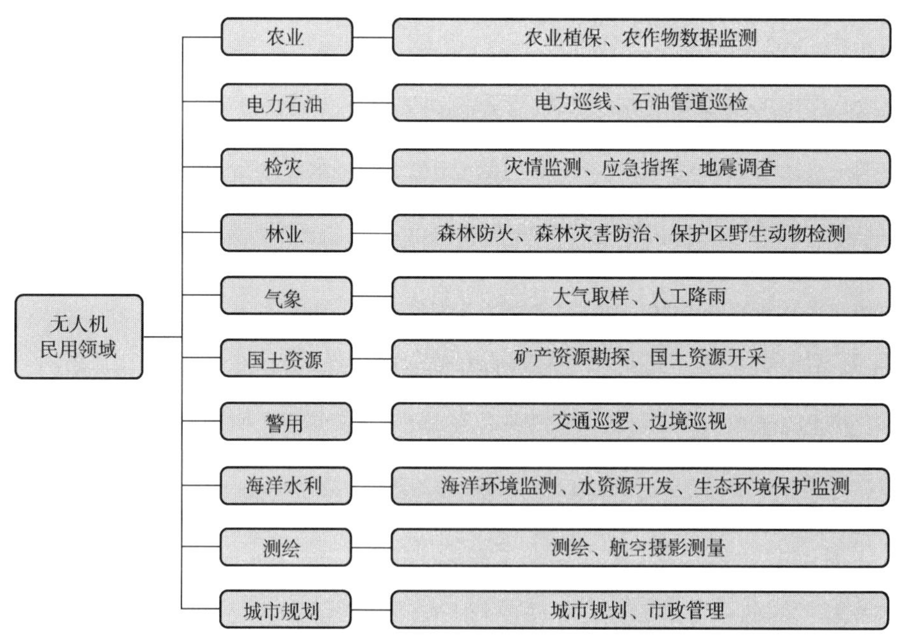

图1-4 民用无人机下游应用行业

1. 农林植保

农业植保无人机是指用于农林植物保护作业的无人驾驶飞机，该型无人机由飞行平台（固定翼、单旋翼、多旋翼）、GPS飞控、喷洒机构三部分组成，通过地面遥控或GPS飞控实现喷洒作业，可喷洒药剂、种子、粉剂等。农业植保无人机相比人工作业优势：

1）安全性高，规避农药中毒。人工喷洒农药对作业人员的危害非常大，据中国植保咨询网报道，我国每年农药中毒人数有10万之众，致死率约20%，农药残留和污染造成的病死人数至今尚无官方统计，想必是更加庞大的数字。植保无人机可远距离遥控操作，避免了喷洒作业人员暴露于农药的危险，保障了喷洒作业的安全。

2）效率远高于人工植保。使用植保无人机规模化作业能达到每小时80~100亩（1亩约为666.7m^2），其效率要比常规喷洒至少高出100倍。另外植保无人机作业高度低，旋翼产生的向下气流加速形成气雾流，增加了药液雾滴对农作物的穿透性，减小了农药飘失程度。药液沉积量和药液覆盖率都优于常规，因而防治效果比传统的好，还可以减少农药对土壤造成的污染。

3）节约资源，降低成本。农业植保无人机喷洒技术采用喷雾喷洒方式，至少可以节约50%的农药使用量，节约90%的用水量，大大降低了资源成本。而且无人机折旧率低、油量消耗小、单位作业人工成本不高且易于维修。

4）飞控导航自主作业。无人机喷洒技术的应用不受地形和高度限制，采用远距离遥控操作和飞控导航自主作业功能，只需在喷洒作业前，将农田里农作物的GPS信息进行采集，并把航线规划好，输入地面站的内部控制系统中，地面站对飞机下达指令，飞机就可以载着喷洒装置，自主将喷洒作业完成，完成之后自动飞回到起飞点。而在飞机喷洒作业的同时，还可通过地面站的显示界面做到实时观察喷洒作业的进展情况。

2. 电力巡线

无人机电力巡线是指用无人机携带摄像头、红外线传感器等设备，检查高效输电线是否有接触不良、漏电、过热、外力破坏等隐患，见表1-1。相较于传统巡线方式，无人机巡线优势在于：

1）大幅提高效率。传统巡线距离长、工作量大，步行巡线效率非常低下，使用无人机巡线速度快、准确性高、巡视不留死角，比人工巡线效率要高出数十倍。

2）安全性高。冰雪、地震、滑坡等自然灾害天气以及高山、峡谷、河流等复杂地理环境，使得人工巡线具有高风险性，时刻威胁巡线人员生命安全。使用无人机巡线，不受气象、地理条件的影响，可降低人工劳动强度、减少作业风险。

3）提供信息更加及时。无人机具有巡线速度快、应急迅速的特点，能够及时发现缺陷，及时提供信息，降低了线路事故导致高额损失的风险。

表 1-1　人工、载人直升机、无人机三种电力巡线方式对比

类型	人工	载人直升机	无人机
巡视费用	350 万元	2625 万元	525 万元
设备成本	工具车辆等约 25 万元	2000 万元/架	200 万元
巡视全程时间	一组需 3500 天	一架需 90 天	一组需 525 天
巡线质量	一般	高	较高
安全性	登塔，安全风险大	有一定风险，一旦出事故危害巨大	无人身安全，有一定设备风险
特点	技术传统，要求不高	直升机全程可视巡检	技术先进，可选配置
空管受限	不受	受限	部分受限
其他	人工量大，费时耗力，安全性不高	成本很高，受空管限制，手续复杂	成本较低，机动灵活

3. 森林防火

无人机森林防火领域的流程及优势如下：

1）快速定位火点。利用无人机机载的红外和可见光摄像机监测森林火灾，经数控遥测电路实时传输到地面控制站，将火点、热点显示在地面站的数字地图上，经过识别系统确定是否是火点，并进行精确的火点定位，为地面消防部门第一时间提供火场地理坐标（经度、纬度）。

2）快速确定火情。当无人机在火场上方飞行时，还可将火场的轮廓、面积、蔓延速度等数据实时传回地面控制中心，为地面灭火指挥提供可靠信息，使灭火指挥部门迅速有效地组织、部署灭火队伍，提高灭火作战效率，防止救火人员的伤亡。

3）为消防部队提供最佳撤离路径。各项信息的有效传达不仅使消防部队能迅速调配人员进行重点区域灭火工作，还能及时通知消防人员撤离危险地区，并根据火场图像资料为消防人员提供最佳撤离路径。无人机的巡护效率远远高于传统的人工巡护，能在短时间内完成原本需要多人多时进行的巡护工作，同时运行成本也极为低廉。

4. 抢险救灾

重大自然灾害发生之后，在信息中断交通受阻的情况下，使用无人机可迅速越过高山河流，深入腹地进行拍摄，获取灾情，及时为抢险救灾提供准确信息。微型无人机遥感系统在救灾工作中可以发挥以下几个方面的作用：

1）变革了灾害现场勘查的方式。微型无人机可以丰富灾害现场勘查方式，尤其是在特定的灾害环境和地理条件下（例如地震、雪灾、山洪等），工作人员无法抵达预定勘查地点时，可以借助微型无人机快速飞抵灾区现场，迅速获取灾情，为救助决策提供支持。

2）提升了灾害现场勘查能力。微型无人机极大地提升了灾害现场的勘查能力，尤其是在受灾地域广、交通不便的情况下，可以借助微型无人机在较大区域内快速勘查受灾情况，使救灾工作的时效性大大提高。

3）提供了更加客观的灾情信息。微型无人机可以在救灾工作中提供最客观的灾情信息。通过航拍照片和视频影像，在灾区现场让救灾人员看得更高、更远、更宽，排除了现场勘查灾情信息表述不清、意见相左、他人质疑等各种主观判断情况的发生。

2008 年汶川地震引发了大量崩塌、滑坡、泥石流、堰塞湖等次生地质灾害，造成灾区大部分国道、省道、乡村道路的严重破坏，给救灾工作造成了难以想象的困难。由于天气因素的影响，卫星遥感系统或载人航空遥感系统难以及时获取灾区的实时地面影像。地震发生后，多种型号的无人机航空遥感系统迅速进入灾区，在灾情调查、滑坡动态监测、房屋与道路损害情况评估、救灾效果评价、灾区恢复重建等方面得到了广泛使用，取得了很好的效果，起到了其他手段无法替代的作用。

2013 年雅安地震搜救过程中，国家地震灾害紧急救援队使用旋翼无人机对灾区地形地貌、受损情况进行空中排查，为国家地震灾害紧急救援队的搜救工作提供了参考和依据。该无人机由国家地震灾害紧急救援队与中国科学院沈阳自动化研究所联合研制，并在地震搜救过程中得到应用，探测精度达到 0.1m，可在 200m 低空连续飞行 100km，如图 1-5 和图 1-6 所示。

图 1-5　雅安地震搜救过程中，国家地震灾害紧急救援队使用的旋翼无人机

1.4.3　消费级无人机

消费级无人机一般是指小型多旋翼飞行器，目前主要应用于航拍等各行业应用，包括边防、农业等，例如大疆的 DJI 无人机被广泛运用于航拍，并且很受专业及业余级摄影师的喜爱，大量应用于影视剧作品的拍摄中，广告、影视、婚礼等拍摄现场越来越多地出现无人机的身影。

图 1-6　雅安市芦山县震后第一张无人机航拍影像

纪录片《飞越山西》超过三分之二的镜头由航拍完成，许多镜头由无人机拍摄。2014 年年底，在第二届伦敦国际华语电影节上，《飞越山西》获得最佳航拍纪录片特别奖和最佳航拍摄影奖两项大奖。该片拍摄时规划了无人机拍摄点近 300 个，许多近景由无人机拍摄完成，产生了意想不到的

绝佳效果。

同时消费级无人机也被用户用来全景扫描里约热内卢基督像、贴近拍摄鲸鱼换气、飞跃喷发中的亚苏尔火山等。另外，搜救、防盗等安全监控应用也在起步。无人机用于物流的尝试也越来越多，亚马逊已研发多年，国内快递业也开始试水。

1.5 无人机的飞行原理

1.5.1 伯努利原理

伯努利原理是瑞士科学家丹尼尔·伯努利在1726年提出的，伯努利定理是空气动力学最重要的公式之一，解释为不可被压缩的流体在忽略黏性损失的流动中，流线上任意两点的压力势能、动能与位置势能之和保持不变，即：动能 + 压力势能 + 位置势能 = 常数。

流体等高度流动时，流速大，压力就小，流速小，则压力大，简单地说，流体的速度越大，静压力越小；速度越小，静压力越大，这里说的流体一般是指空气。设法使机翼上部空气流速较快，静压力则较小，机翼下部空气流速较慢，静压力较大，两边互相较力，于是机翼被往上推，飞机就可以飞起来，如图1-7所示。

以前的理论认为两个相邻的空气质点同时由机翼的前端向后移动，一个流经机翼的上缘，另一个流经机翼的下缘，两个质点应在机翼的后端相会合，经过仔细计算后发现如依上述理论，上缘的流速不够大，机翼应该无法产生那么大的升力，现在经风洞试验已证实，两个相邻的空气质点流经机翼上缘的会比流经机翼下缘的先到达后缘，就使机翼下表面的压强大于上表面的压强，产生压强差，从而把飞机托起来。

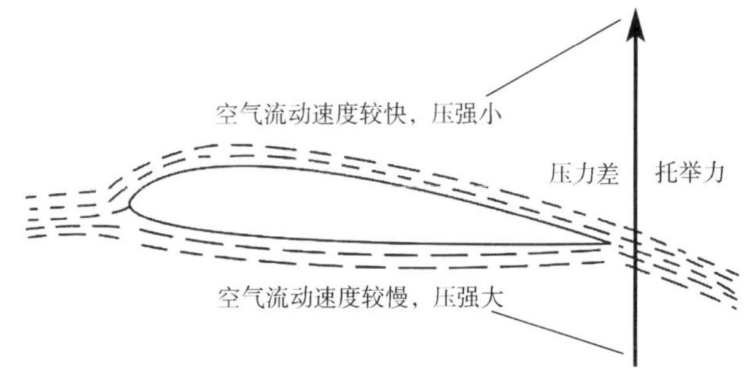

图1-7 机翼升力的产生

1.5.2 多旋翼无人机的飞行原理

多旋翼无人机的飞行控制系统作为无人机的核心系统，具体的飞行、悬停、姿态变化等，都是由多种传感器将无人机本身的姿态数据传回飞行控制系统，再由飞行控制系统通过运算和判断下达指令，由执行机构完成动作和飞行姿态调整。

四旋翼无人机机身是由对称的十字形刚体结构构成，材料多采用质量轻、强度高的碳纤维。在十字形结构的四个端点分别安装一个由两片桨叶组成的旋翼为飞行器提供飞行动力。每个旋翼均安装在一个电动机转子上，通过控制电动机的转动状态控制每个旋翼的转速，来提供不同的升力以实现各种姿态。每个电动机均与电动机驱动部件、中央控制单元相连接，通过中央控制单元提供的控制信号来调节转速大小。惯性测量单元（IMU）为中央控制单元提供姿态解算的数据，机身上的检测模块为无人机提供了解自身位姿情况最直接的数据，为四旋翼无人机最终实现复杂环境下的自主飞行提供了保障。

现将位于四旋翼机身同一对角线上的旋翼归为一组，前后端的旋翼沿顺时针方向旋转，从而可以产生顺时针方向的扭矩；而左右端旋翼沿逆时针方向旋转，从而产生逆时针方向的扭矩，如此四个旋翼旋转所产生的扭矩便可相互之间抵消掉，如图 1-8 所示。

由此可知，四旋翼无人机的所有姿态和位置的控制都是通过调节四个驱动电动机的速度实现的。

一般来说，四旋翼无人机的运动状态主要分为悬停、垂直运动、翻滚运动、俯仰运动以及偏航运动五种状态。

（1）悬停　悬停状态是四旋翼无人机具有的一个显著特点。在悬停状态下，四个旋翼具有相等的转速，产生的上升合力正好与自身重力相等，并且因为旋翼转速大小相等，前后端旋翼和左右端旋翼转动方向相反，从而使飞行器总扭矩为零，飞行器便可静止在空中，实现悬停状态，如图 1-9 所示。

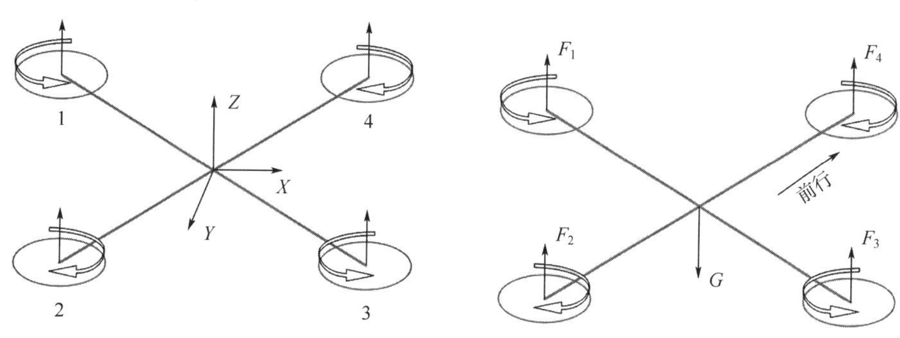

图 1-8　四旋翼无人机机身结构

图 1-9　悬停状态无人机飞行原理

（2）垂直运动　垂直运动是五种运动状态中较为简单的一种，在保证四旋翼无人机每个旋翼旋转速度大小相等的情况下，同时对每个旋翼增加或减小大小相等的转速，便可实现飞行器的垂直运动。

当同时增加四个旋翼转速时，使得旋翼产生的总升力超过四旋翼无人机的重力时，四旋翼无人机便会垂直上升；反之，当同时减小旋翼转速时，使得旋翼产生的总升力小于自身重力时，四旋翼无人机便会垂直下降，从而实现四旋翼无人机的垂直升降控制，如图 1-10 所示。

（3）翻滚运动　翻滚运动是在保持四旋翼无人机前后端旋翼转速不变的情况下，通过改变左右端旋翼的转速，使得左右旋翼之间形成一定的升力差，从而使飞行器机体沿左右对称轴产生一定力矩，导致在沿运行方向上产生角加速度从而实现翻转。

增加旋翼 1 的转速，减小旋翼 3 的转速，则飞行器垂直于运行向右倾斜飞行；相反，减小旋翼 1 的转速，增加旋翼 3 的转速，则飞行器向左倾斜飞行，如图 1-11 所示。

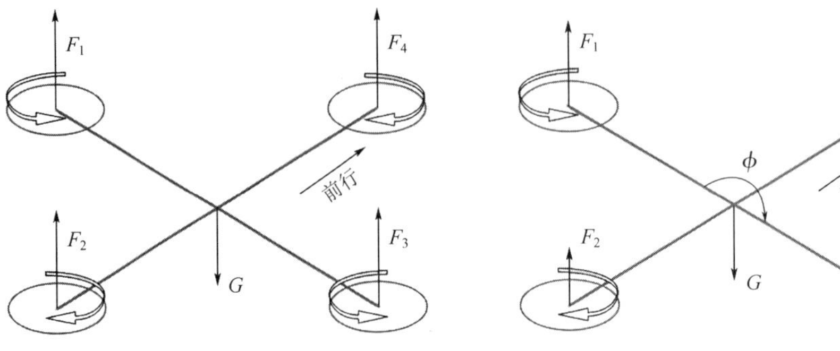

图 1-10　垂直运动状态无人机飞行原理　　图 1-11　翻滚运动状态无人机飞行原理

（4）俯仰运动　四旋翼无人机的俯仰运动和翻滚运动相似，是在保持机身左右端旋翼转速不变的前提下，通过改变前后端旋翼转速形成前后旋翼升力差，从而在机身前后端对称轴上形成一定力矩，引起垂直于运行方向的角加速度来实现控制的。

增加旋翼 2 的转速，减小旋翼 4 的转速，则飞行器向前倾斜飞行；反之，则飞行器向后倾斜飞行，如图 1-12 所示。

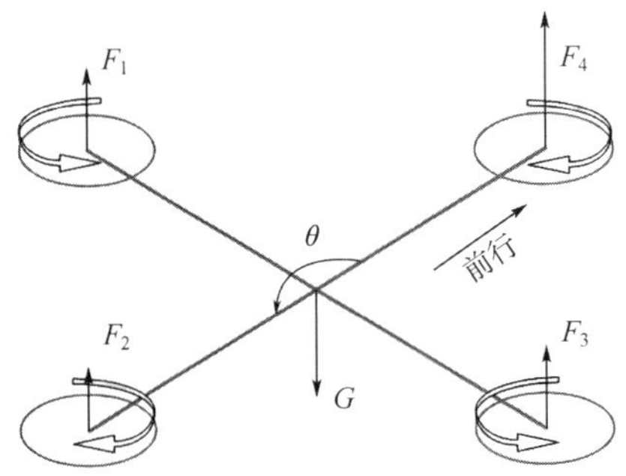

图 1-12　俯仰运动状态无人机飞行原理

（5）偏航运动　四旋翼无人机的偏转运动是通过同时两两控制四个旋翼转速实现控制的。

当保持前后端或左右端旋翼转速相同时，其便不会发生俯仰或翻滚运动。而当一组的两个旋翼与另一组的两个旋翼转速不同时，由于两组旋翼旋转方向不同，便会导致反扭矩力的不平衡，此时便会产生绕机身中心轴的反作用力，引起绕机身中心轴的角加速度。

当前后端旋翼的转速相等并大于左右端旋翼转速时，因为前者沿顺时针方向旋转，后者相反，总的反扭矩沿逆时针方向，反作用力作用在机身中心轴上沿逆时针方向，会引起飞行器逆时针偏航运动；反之，则会引起飞行器顺时针偏航运动，如图 1-13 所示。

综上所述，四旋翼无人机的各个飞行状态的控制是通过控制对称的四个旋翼的转速，从而形成相应不同的运动组合来实现的。

但是在飞行过程中却有六个自由度输出，因此它是一种典型的欠驱动、强耦合的非线性系统。

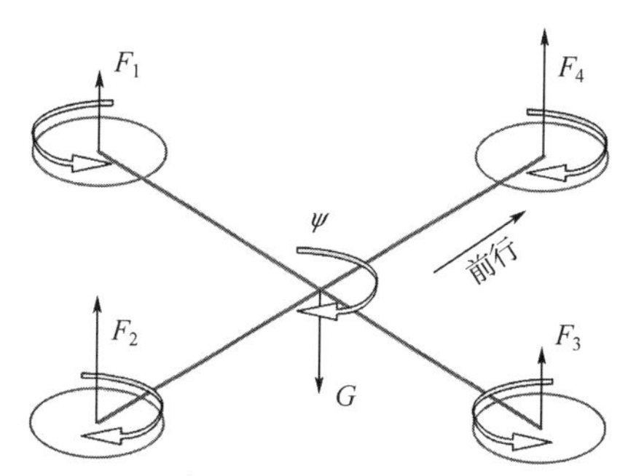

图 1-13　偏航运动状态无人机飞行原理

例如，旋翼 1 的转速增加会导致无人机向左翻滚，同时逆时针转动的力矩会大于顺时针的力矩，从而进一步使得无人机向左偏航，此外翻滚又会导致无人机的向左平移，可以看出，四旋翼无人机的姿态和平动是耦合的。

习题与思考题

1. 请列举至少两种无人机在民用领域的创新应用案例。
2. 请分析未来无人机技术可能的发展方向和影响。
3. 请分析无人机在不同环境下的飞行稳定性问题及解决方案。

第2章 多旋翼无人机的系统构成

无人机系统（Unmanned Aircraft System，简称UAS），是指一架无人机、相关的遥控站、所需的指令与控制数据链路以及批准的型号设计规定的任何其他部件组成的系统，包括地面控制系统（地面站、发射回收系统）、飞机系统（电源系统、动力系统、飞行控制系统）、数据链路系统（遥控器、遥控信号接收器）、任务载荷系统和无人机使用保障人员。

飞行控制系统又称为飞行管理与控制系统，相当于无人机系统的“大脑”部分，对无人机的稳定性、数据传输的可靠性、精确度、实时性等都有重要影响，对其飞行性能起决定性的作用。

动力系统主要为无人机提供满足飞行速度和高度要求的推力，并为无人机航电系统和任务载荷系统提供电力及功率支持。

数据链路系统可以保证对遥控指令的准确传输，以及无人机接收、发送信息的实时性和可靠性，以保证信息反馈的及时有效和顺利、准确地完成任务。

地面控制站负责处理和显示无人机传输过来的图像、指令、遥感数据等，同时也给无人机下达各种命令。

任务载荷系统主要是指无人机执行任务所携带的任务设备，包括光电/红外传感器、合成孔径雷达、激光雷达、激光测距机等。此外，把用于连接摄像机与摄像机支承架，承载摄像机进行水平和竖直两个方向转动的装置称为云台，可分为固定云台和电动云台两种，具有能够接收遥控指令并根据指令进行调整或保持一个特定角度等功能，保证无人机在飞行过程中，使其上的任务设备能进行有效的作业。

2.1 飞行控制系统——无人机的“大脑”

无人机的飞行控制系统简称飞控系统，飞机是悬停还是飞行、向哪个方向飞，都是由飞控系统下达指令的，它是无人机完成起飞、空中飞行、执行任务、返场回收等整个飞行过程的核心系统。

2.1.1 飞控系统的组成

飞控系统主要由主控单元、IMU（惯性测量单元）、GPS 指南针模块、气压计等部件组成，常见的飞控系统如图 2-1 所示。

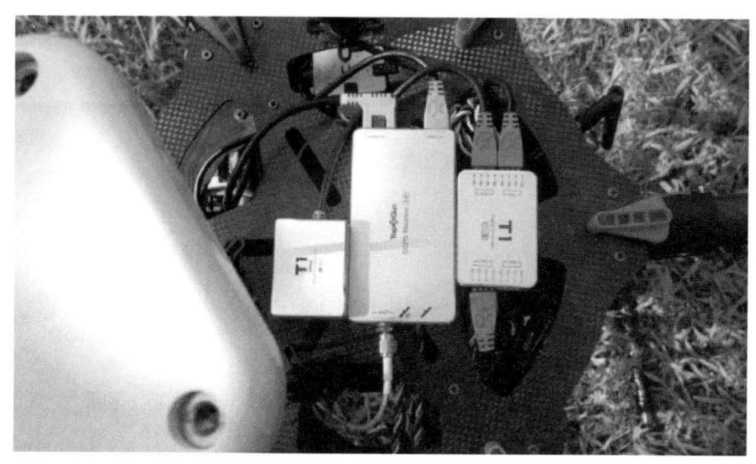

图 2-1　无人机飞控系统

主控单元是飞控系统的核心，通过它将 IMU、GPS 指南针、舵机和遥控接收机等设备接入飞控系统，从而实现飞行器的自主飞行功能。除了辅助飞行控制，某些主控单元还具有记录飞行数据的黑匣子功能，比如 DJI 的 Ace One。此外，主控单元还能通过 USB 接口，进行飞行参数的调节和系统的固件升级。

IMU（惯性测量单元），包括加速度计、陀螺仪、磁罗盘与气压计，用来测量飞行器在三维空间中的角速度和加速度，并以此解算出飞行器的姿态，在飞行辅助功能中充当着重要的角色。

（1）加速度计　加速度计是用来提供无人机在 X、Y、Z 三轴方向所承受的加速力的数据，它也能决定无人机在静止状态时的倾斜角度。当无人机呈现水平静止状态，X 轴与 Y 轴为 $0G$ 输出，而 Z 轴则为 $1G$ 输出（地球上所有对象所承受的重力均为 $1G$）。若要无人机绕 X 轴旋转 90°，那么就在 X 轴与 Z 轴施以 $0G$ 输出，Y 轴则施以 $1G$ 输出。倾斜时，X、Y、Z 轴均施以 $0\sim1G$ 之间的输出。相关数值便可应用于三角公式，让无人机达到特定倾斜角度。

加速度计同时也用来提供水平及竖直方向的线性加速数据。相关数据可用来计算速率、方向，甚至是无人机高度的变化率，此外加速度计还可以用来监测无人机所承受的振动。

对于任何一款无人机来说，加速度计都是一个非常重要的传感器，因为即使无人机处于静止状态，都要靠它提供关键输入。

（2）陀螺仪　陀螺仪传感器能监测三轴的角速度，因此可监测出俯仰（pitch）、翻滚

（roll）和偏航（yaw）时角度的变化率。角度信息的变化能用来维持无人机稳定并防止晃动。由陀螺仪所提供的信息将汇入电动机控制驱动器，通过动态控制电动机转速，保持无人机的稳定。陀螺仪还能确保无人机根据用户控制装置所设定的角度旋转。

（3）磁罗盘　正如名称所示，磁罗盘能为无人机提供方向信息。它能提供无人机在 X、Y、Z 各轴向所承受磁场的数据。接着相关数据会汇入微控制器进行运算，以提供磁北极相关的航向角，然后就能用这些信息来侦测地理方位。

为了计算出正确方向，磁性数据还需要加速度计提供倾斜角度数据以补强信息。有了倾斜数据加上磁性数据，就能计算出正确方位。

磁罗盘对于硬铁、软铁或运转角度都非常敏感。所谓硬铁是指传感器附近的坚硬、永久性铁磁性物质，它能使罗盘读数产生永久性偏移。软铁则是指传感器附近的弱铁磁性物质、电路走线等。它能让传感器读数产生可变动偏位。因此它也需要磁性传感器校正算法，以过滤掉这些异常状况。

除了方向的感测，磁罗盘也可以用来侦测四周的磁性与含铁金属，例如电极、电线、车辆、其他无人机等，以避免事故发生。

（4）气压计　气压计的作用，就是利用大气压力换算出高度。压力传感器能侦测地球的大气压力。由气压计所提供的数据能协助无人机导航，上升到所需的高度。准确估计上升与下降速度，对无人机飞行控制来说是相当重要的。

（5）GPS　与汽车有导航系统一样，无人机也有导航系统。通过 GPS，才能知道无人机机体的位置信息。GPS 是全球导航系统之一，是美国的卫星导航系统。不过新型的无人机不仅采用 GPS，有些机型会利用 GPS 与其他的卫星导航系统相结合，同时接收多种信号，以检测无人机位置。无论是设定经度、纬度进行自动飞行，还是保持定位进行悬停，GPS 都发挥着极其重要的作用。

2.1.2　飞控系统的原理

飞控系统是一个典型的反馈控制系统，它代替驾驶员控制飞机的飞行，其自动飞行的原理如下：

当飞机偏离原始状态，惯性测量单元（IMU）、GPS 导航系统等敏感元件感受到偏离方向和大小并输出相应信号，经放大、计算处理，操纵执行机构执行相应偏转操作。由于整个系统是按负反馈原则连接的，其结果是使飞机针对航向角、姿态角、速度和位置进行误差修正，并趋向原始状态。当飞机回到原始状态时，敏感元件输出信号为零，飞机重新按原始状态飞行，如图 2-2 所示。

由此可见，飞控系统中的敏感元件、放大计算装置和执行机构可代替驾驶员的眼睛、大脑神经系统与肢体，自动地控制飞机的飞行，因此这三部分构成了飞控系统的核心。

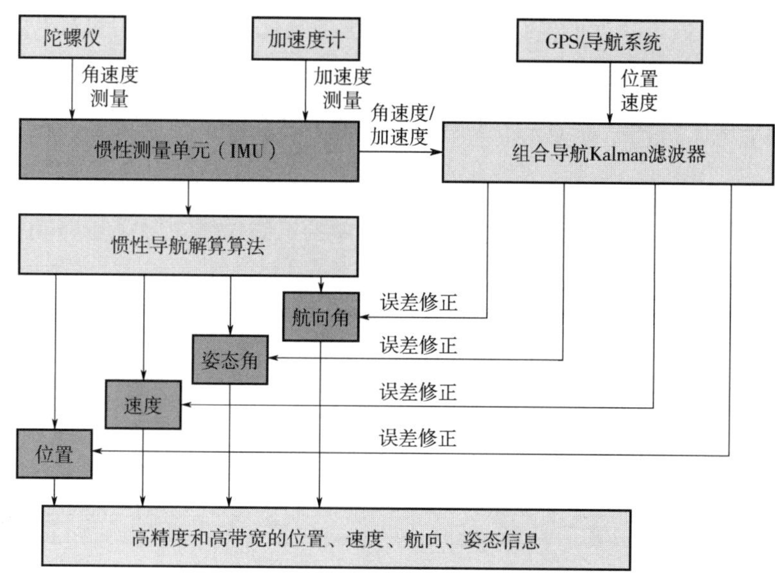

图 2-2　惯性组合导航工作原理

飞控系统通过高效的控制算法内核，能够精准地感应并计算出飞行器的飞行姿态等数据，再通过主控制单元实现精准定位悬停和自主平稳飞行。在没有飞控系统的情况下，有很多的专业飞手经过长期艰苦的练习，也能控制飞行器非常平稳地飞行，但是，这个难度和要求特别高，同时需要非常丰富的实战经验。如果没有飞行控制系统，飞手需要时时刻刻关注飞行器的动向，眼睛完全不能离开飞行器，时时刻刻处于高度紧张的工作状态。而且人眼的有效视距是非常有限的，即使能稳定地控制飞行，控制的精度也很难满足航拍的需求，控制距离越远，控制精度越低。

2.1.3　飞控系统的作用

（1）飞行状态　飞控系统主要用于对飞行器飞行姿态的控制和导航，对于飞控系统而言，首先要知道飞行器当前的状态，如三维位置、三维速度、三维加速度、三轴角度和三轴角速度等，总共 15 个状态。

由于多旋翼飞行器本身是一种不稳定系统，要对各个电动机的动力进行超高频率的不断调整和动力分配，才能实现稳定悬停和飞行，所以对于航拍无人机来说，即使最简单的放开摇杆飞行器自主悬停的动作，也需要飞控系统持续监控这 15 个量，并进行一系列“串级控制”，才能做到稳定悬停。飞控系统最基础也是最难控制的技术难点，就是要准确地感知这一系列状态，如果这些感知数据有误差就会导致无人机做出一些错误的动作。

由于目前传感器设计水平的限制，这些传感器测量的数据会产生一定的误差，并可能受到环境的干扰，从而影响精度。为了保障飞行性能，就需要充分利用各传感器数据共同融合出具有高可信度的 15 个状态，即组合导航技术。组合导航技术结合 GPS、IMU 各自的优缺点，通过电子信号处理领域的技术，融合多种传感器的测量值，获得更精准的状态测量。

（2）组合导航　为了提升航拍无人机的感知能力和飞行性能，除了以上基础传感器方案，现在主流的无人机产品都加入了先进的视觉传感器、超声波传感器、IMU 与指南针冗余导航系统。

双目立体视觉系统可根据连续图像计算出物体的三维位置，除了避障功能还能提供定位与测速。

机身下方的超声波模块起到辅助定高的作用，而冗余的 IMU 和指南针在一个元件受到干扰时，冗余导航系统会自动切换至另一个传感器，极大提高了组合导航的可靠性。

正是因为这些传感器技术的完美融合，使无人机有了智能导航系统，拓展了活动环境，并提升了可靠性。使用传统导航系统的无人机在室内等无 GPS 的环境中无法稳定飞行，而智能导航系统在 GPS 信号良好时，可通过视觉系统提升速度和位置测量值的精度。在 GPS 信号不足的时候，视觉系统可以接替 GPS 提供定位与测速，让无人机在室内与室外环境中均能稳定飞行。

（3）控制性能　飞控系统先进的控制算法为航拍无人机的飞行和操控带来了很高的控制品质，在普通状态下的表现是控制精度高，飞行稳定，速度快。高速飞行不仅对动力系统有较高的要求，更重要的是飞控系统要达到很高的控制品质和响应速度，除高速飞行以外，飞行器在悬停和慢速控制上也能达到很高的精度。

另外在设计飞控系统时，不仅需要考虑到正常飞行状态的控制精度，如悬停位置控制精度、姿态控制精度等，还需要加强异常飞况的控制性能，如在飞行器断桨、突然受到撞击、突加负重或被其他外力干扰后，能够应对这类极端状况，这对于飞行安全性来说尤其重要。

（4）故障诊断　在起飞前或飞行过程中，任何微小故障都有可能引发飞行事故。如果飞控系统能实时不断地进行故障监控与故障诊断，就能大幅降低事故发生的概率。飞控系统可以监控诸如振动、电压、电流、温度、转速等各项飞行状态参数，并通过这些监控特征信号进行故障诊断。但是这些信号往往是复杂且没有明显规律的，只有通过对大量故障数据进行数据挖掘，用深度学习技术建立飞控故障诊断系统，采用模式识别判定故障发生的概率，这套系统才能判定从空中射桨到 IMU 故障等，对故障进行早期诊断并预报，及时进行应急处理，使飞行变得更加安全。

2.2　动力系统

多旋翼无人机的动力系统为无人机提供了满足飞行速度、高度要求的推力，是无人机实现飞行的基础，主要包括电动机、电调、电池三部分，如图 2-3 所示。

图 2-3　无人机动力系统示意图

2.2.1　电动机

电动机在无人机飞行的过程中负责提供动力，相当于人的心脏或者汽车的发动机，如图 2-4 所示。

图 2-4　无人机电动机示意图

多旋翼无人机使用的动力电动机为无刷电动机。无刷电动机一头固定在机架力臂的电动机座上，另一头固定螺旋桨，通过旋转产生向下的推力。无人机机架的大小、负载不同，需要配合不同规格、功率的电动机，电动机并不是越大越好，关键看效率。

无刷电动机工作原理：把线圈绕在定子上，定子绕组多做成三相对称星形接法，与三相异步电动机相似。然后把磁铁做成的一片片转子，贴到外壳上，电动机运行时，整个外壳磁铁转动，而中间的线圈定子不动。通过电调使 3 根电源线不停地改变线圈产生的磁场，利用搭配的永磁铁来驱动转子转动，如图 2-5 所示。

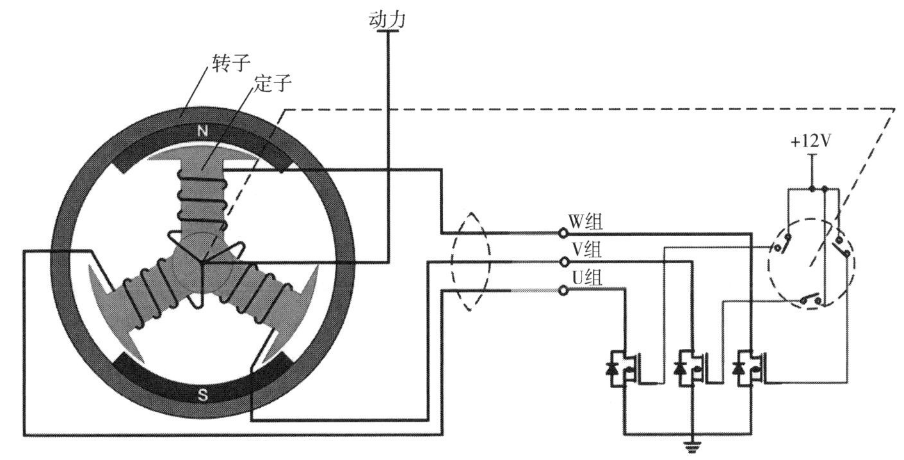

图 2-5　无刷电动机工作原理

2.2.2 电调

图 2-6 无人机电调示意图

电调又称电子调速器（ESC），与电动机相连，主要作用是驱动电动机来完成规定的速度和动作，如图 2-6 所示。单独的电动机并不能工作，需要配合电调，电调是一个半导体开关，是连接飞控板和电动机的部件，其主要功能是接收飞控板发出的信号，根据此信号调节电动机的转速，从而影响飞行器的飞行状态。

与电动机一样，不同负载的动力系统需要配合不同规格的电调，虽然电调规格选大了没太大影响，但电调规格大了，重量就会增加，效率也不会提高。

2.2.3 电池

无人机上电动机、电调的运转是离不开动力源电池的，目前多旋翼无人机主要以聚合物锂离子电池为动力，使用方便可靠，但使用时间短，航程受到限制。燃料电池、蓄电池和燃料电池混合动力开始在无人机上应用，技术上有待进一步的发展。而新型石墨烯电池实验阶段的成功有望使轻小型无人机电池动力实现突破，成为新的发展点。

2.3 数据链路系统——“放风筝的线”

数据链路系统是无人机系统的重要组成部分，其主要任务是建立一个空地双向数据传输通道，用于完成地面控制站对无人机的远距离遥控、遥测和任务信息传输。遥控实现对无人机和任务设备进行远距离操作，遥测实现对无人机状态的监测，任务信息传输则通过下行无线信道向测控站传送由机载任务传感器所获取的视频、图像等信息，是无人机完成任务的关键，其质量的好坏直接关系到发现和识别目标的能力。

确保无人机数据链路的安全和正常运作是完成对无人机精确控制的关键。在大多数无人机坠机事件中，与地面的通信链路中断，或受到干扰做出错误的判断是事故的主要原因。因此，对于许多行业广泛应用的无人机，其数据链路的重要性是不言而喻的，所以在数据链路的稳定性、带宽、速率等方面必须加强。

2.3.1 无人机链路系统构成

无人机链路的机载部分包括机载数据终端（ADT）和天线。机载数据终端包括 RF 接收机、发射机以及用于连接接收机和发射机到系统其余部分的调制解调器，有些机载数据终端为了满足下行链路的带宽限制，还提供了用于压缩数据的处理器。天线采用全向天线，有时也要求采用具有增益的定向天线。

无人机链路的地面部分也称地面数据终端（GDT）。该终端包括一副或几副天线、RF 接收机和发射机以及调制解调器。若传感器数据在传送前经过压缩，则地面数据终端还需要采用处理器对数据进行重建。

对于长航时无人机而言，为克服地形阻挡、地球曲率和大气环境等因素的影响，并延伸链路的作用距离，中继是一种普遍采用的方式。当采用中继通信时，中继平台和相应的转发设备也是无人机链路系统的组成部分之一。

2.3.2 无人机链路信道频段

无人机地空数据传输过程中，无线信号会受到地形、地物以及大气等因素的影响，引起电波的反射、散射和绕射，形成多径传播，并且信道会受到各种噪声干扰，造成数据传输质量下降。在测控通信中，无线传输信道的影响随工作频段的不同而异，因此首先需要了解无人机测控使用的主要频段。

无人机数据测控链路可选用的载波频率范围很宽。低频段设备成本较低，可容纳的频道数和数据传输速率有限，而高频段设备成本较高，可容纳较多的频道并具有较高的数据传输速率。无线电波的频率范围可按频段或波段划分。无人机数据链路应用的主要频段是微波（300MHz~3000GHz），因为微波链路有更高的可用带宽，可传输视频画面，它所采用的高带宽和高增益天线抗干扰性能良好。不同的微波波段适用于不同的链路类型，一般来说，VHF、UHF、L 和 S 波段较适用于低成本的近程、短程无人机视距链路；C、X 和 Ku 波段适用于短程、中程和远程无人机视距链路及空中中继链路；Ku、Ka 波段适用于中程、远程无人机的卫星中继链路。

目前无人机上常用的链路频段为：

1）GPS：1575.42MHz。

2）遥控器：2.4GHz。

3）数据传输：400MHz/900MHz。

4）图传：2.4GHz 或者 5.8GHz。

2.4 地面控制站

无人机地面控制站，又称无人机控制站，简称地面站，是指具有对无人机飞行平台和任务载荷进行监控和操纵的能力，包含对无人机发射和回收控制的一组设备。可以通过地面站给无人机下达任务，无人机根据下达的任务开始控制飞行平台和任务载荷（比如相机）自主完成飞行任务。

地面站软件通常可精准显示无人机的实时飞行数据，可对飞行航线、飞行高度、飞行速度、起飞和降落方式、安全策略等进行快速配置，如图 2-7 所示。可在地图上设定航点并自动生成航迹，也可根据实际需求调整各个航点的飞行高度、停留时间等参数，并可实现对各航点进行任务载荷动作的设置，实现智能化飞行作业，大大提升作业效率。同时智能规划功能可以搭配不同行业应用场景，提供更便捷的航点规划模式，一键生成航线，并支持对航线区域进行移动，便捷的离线地图功能，支持卫星地图和谷歌地图下载。重要的是可对离线地图的地理位置、地图类型、缩放级别进行设置，并通过地图集对不同作业地图实现分类管理，让飞行作业更高效。

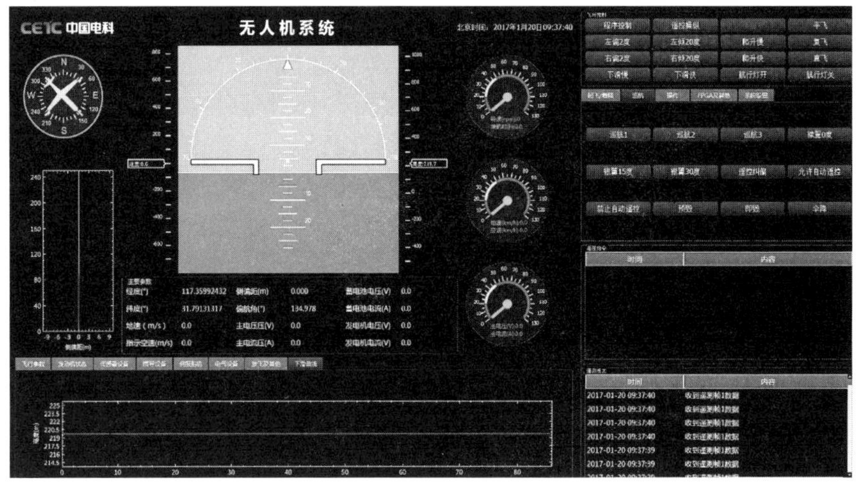

图 2-7　地面站软件

2.4.1　地面站系统结构

无人机与地面站通过无线数据传输电台通信，按照通信协议将收到的数据解析并显示，同时将数据实时存储到数据库中，在任务结束后读取数据库进行任务回放。其系统构成如图 2-8 所示。

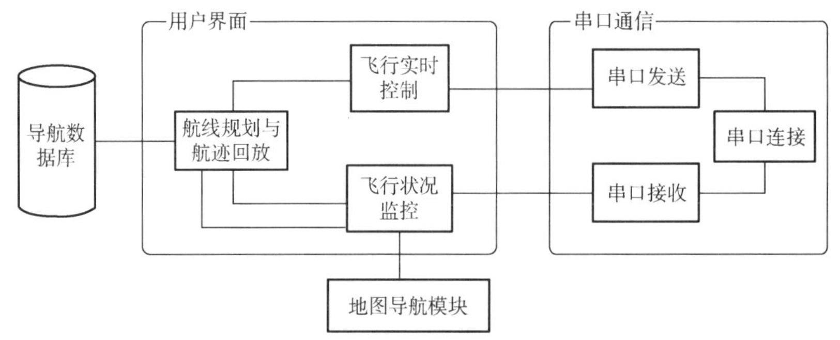

图 2-8　地面站系统结构

（1）导航数据库　导航数据库是无人机地面站系统中极其重要的一部分。航点及航线信息、任务记录信息、系统配置信息、历次飞行数据等都保存在数据库中，用户在界面上操作，频繁读写数据库。

（2）用户界面　用户界面模块是地面控制人员与无人机交互的窗口。用户界面是基于 MFC 框架的对话框，基于该对话框，添加了地图操控的 ActiveX 控件、虚拟航空仪表控件、菜单和 MFC 基本控件等，力求界面友好，操纵方便。

（3）地图导航模块　地图导航模块可根据飞机下传的经纬度和高程信息，将飞机的当前位置标注在地图上，同时标注飞机的飞行轨迹。地图导航模块还具有在地图上摄取航点，并对地图的放大、缩小、漫游等功能。

（4）串口通信　串口通信模块采用第三方串口通信类。地面站中实现了多线程、多串口的全双工通信，可实时发送或接收数据。

2.4.2　地面站功能

地面站系统应具有下面几个典型的功能：

（1）飞行监控功能　无人机通过无线数据传输链路，下传飞机当前各状态信息，地面站将所有的飞行数据保存，并将主要的信息用虚拟仪表或其他控件显示，供地面操纵人员参考。同时根据飞机的状态，实时地发送控制命令，操纵无人机飞行。

（2）地图导航功能　根据无人机下传的经纬度信息，将无人机的飞行轨迹标注在电子地图上。同时可以规划航点航线，观察无人机任务执行情况。

（3）任务回放功能　根据保存在数据库中的飞行数据，在任务结束后，使用回放功能可以详细地观察飞行过程的每一个细节，检查任务执行效果。

（4）天线控制功能　地面控制站可实时监控天线的轴角，根据天线返回的信息，对天线校零，使之能始终对准飞机，跟踪无人机飞行。

2.5　任务载荷系统

无人机的载荷能力主要由各种类型的任务载荷所决定。所谓无人机任务载荷，就是指在无人机平台上装载的实现无人机飞行要完成的特定任务的仪器、设备和分系统，或者称为无人机的有效载荷。无人机只是这些设备的平台和运输工具。任务载荷包括传感器和执行运送等任务所需的设备，但不包括航空电子设备、数据链路设备和燃油。

一个典型的无人机的任务载荷系统应该包括信息采集系统、信息收发系统、任务执行系统、供电系统和辅助机构等，一些高智能无人机还包括信息分析及决策系统。

无人机任务载荷的快速发展极大地扩展了无人机的应用领域，无人机根据其功能和类型的不同，其上装备的任务载荷也不同。任务载荷大致分为投放类（救援、架线、洒农药）、获取类（大气监测、采样、应急、搜救、遥测）、光电类（监控、监视）、其他类（通信、实验、中继）。

2.5.1 光电类传感器

光学照相机是一种光化作用成像设备，也是最早装上无人机使用的侦察设备，其最大优点是具有极高的分辨率，目前其他成像探测器还无法达到，但其缺点是不能满足实时情报的需要。

光电摄像机通过电子设备的转动、变焦和聚焦来成像，在可见光谱范围内工作，所生成的图像形式包括全活动视频、静止图片或二者的合成。大多数小型无人机的光电摄像机采用窄视场到中视场镜头。光电传感器可执行多种任务，还可与其他不同类型的传感器结合使用，以生成合成图像。光电摄像机大多在昼间使用，以便尽可能提高成像质量。

2.5.2 红外类传感器

红外摄像机一般是主动红外，基本原理是利用普通 CCD 摄像机可以感受红外光的光谱特性（可以感受可见光，也可以感受红外光），配合红外灯作为“照明源”来实现夜视成像；而热像仪完全是被动红外，其原理是探测目标自身发出的红外辐射，并通过光电转换、信号处理等手段，将目标物体的温度分布图像转换成视频图像。

无人机采用的红外摄像机分为两类，即冷却式和非冷却式。现代冷却式摄像机由低温制冷器制冷，可降低传感器温度到低温区域。这种系统可利用热对比度较高的中波红外波段工作。冷却式摄像机的探头通常装在真空密封盒内，需要额外功率进行冷却。总而言之，冷却式摄像机生产的图像质量比非冷却式摄像机的要高。非冷却式摄像机传感器的工作温度与工作环境温度持平或略低于环境温度，当受到探测到的红外辐射加热时，通过所产生的电阻、电压或电流的变化工作。非冷却式传感器的设计工作波段为 7 ~ 14nm 的长波红外波段。在此波段上，地面温度目标辐射的红外能量最大。

红外行扫描仪（IRLS）是一种热成像装置，它利用扫描镜收集地面红外辐射并投射到红外探测器上，形成红外图像信号。也可以用这种红外图像信号调制视频通道，经过数据传输系统发送回地面接收站。

前视红外仪（FLIR）即热成像器，采用凝视焦平面阵列红外探测器，可一次完成成像探测、积分、滤波和多路转换功能。这种全固态红外成像器不仅体积小、重量轻、可靠性高，而且凝视比扫视具有更高的灵敏度和分辨率以及更远的作用距离。这显然对无人机执行监察、监视任务更为有利。

2.5.3 激光类传感器

无人机激光雷达是一种新兴的技术手段。无人机激光雷达作为无人机的有效载荷设备，将现场真实的信息转化为点云的图像，可直观地展示和还原现场情况。

激光雷达原理与雷达原理相似，激光雷达使用的技术就是根据激光遇到障碍物后的折返时间，计算目标与传感器的相对距离。激光光束可以准确测量视场中物体轮廓边沿与传感器间的相对距离，这些轮廓信息组成所谓的点云并绘制出3D环境地图，精度可达到厘米级别，从而提高测量精度。激光雷达作为“机械之眼”，已大量应用在无人机上。

激光雷达还具备独特的优点，如较高的距离分辨率、角分辨率、速度分辨率，其测速范围广，能获得目标的多种图像，抗干扰能力强，还具有比微波雷达的体积小和重量轻等优点。

激光指示器利用激光束照射目标，激光指示器发射不可视编码脉冲，脉冲从目标反射回来后，由接收机接收。然而，这种利用激光指示器照射目标的方法存在一定的缺点，如果大气不够透明（如下雨、有云、尘土或烟雾），则会导致激光的精确度欠佳。此外，激光还可能被特殊涂层吸收，或不能正确反射，或根本无法发射（如照到玻璃上）。

2.5.4 合成孔径雷达（SAR）传感器

合成孔径雷达是利用雷达与目标的相对运动把尺寸较小的真实天线孔径用数据处理的方法合成一个较大的等效天线孔径的雷达，又称综合孔径雷达。传统无人机一直使用轻小型电光成像探测设备，其监视和目标截获任务的价值已得到证实，但是它们的不足之处在于探测距离短，受云雾雨雪气象条件限制，也不能测量距离，而这些正是机载雷达的长处。不过由于雷达通常体积、重量和功耗较大，很少有无人机能承受得了，目前认为无人机有源成像探测设备的发展方向是合成孔径雷达（SAR）。

合成孔径雷达突破了一般雷达由于天线长度和波长的限制使得分辨率不高的缺点，它采用侧视天线阵，利用载机向前运动的多普勒效应，使多阵元合成天线阵列的波束锐化，从而提高雷达的分辨率。其特点是分辨率高，能全天候工作，并有效地识别伪装和穿透掩盖物，所得到的高方位分辨力相当于一个大孔径天线所能提供的方位分辨力。

2.5.5 多光谱相机传感器

多光谱照相机是在普通航空照相机的基础上发展而来的。多光谱照相是指在可见光的基础上向红外光和紫外光两个方向扩展，并通过各种滤光片或分光器与多种感光器件的组合，使其同时分别接收同一目标在不同窄光谱带上所辐射或反射的信息，即可得到目标的几张不同光谱带的照片。

多光谱照相机可分为三种：第一种是多镜头型多光谱照相机。它具有4～9个镜头，每个镜头各有一个滤光片，分别让一种较窄光谱的光通过，多个镜头同时拍摄同一景物，同时获取不同光谱带的图像信息。第二种是多相机型多光谱照相机。它是由几台照相机组合在一起的，各台照相机分别带有不同的滤光片，分别接收景物的不同光谱带上的信息，各获得一套特定光谱带的胶片。第三种是光束分离型多光谱照相机。它采用一个镜头拍摄景物，用多个三棱镜分光器将来自景物的光线分离为若干波段的光束，分别将各波段的光信息记录下来。这三种多光谱照相机中，光束分离型照相机的优点是结构简单，图像重叠精度高，但成像质量差；多镜头和多相机型照相机也难准确地对准同一地方，重叠精度差，成像质量也差。

多光谱成像仪多数属于被动工作，按其工作方式的不同可以分为光学成像和扫描成像两大类。光学成像有分幅式多光谱相机、全景相机、狭缝式相机等。扫描成像有光机式扫描仪、成像光谱仪、成像偏振仪等。

多光谱成像分光技术就是把入射的全波段或宽波段的光信号分成若干个窄波段的光束，然后把它们分别成像在相应的探测器上，从而获得不同光谱波段的图像。实际使用时，要更有效地提取目标特征并进行识别，探测系统需要有精细的光谱分辨能力，就要求把光谱分得更窄并用对各波段，而完成这一任务的就是成像分光技术。

2.5.6 高光谱相机传感器

高光谱成像技术是基于非常多窄波段的影像数据技术，它将成像技术与光谱技术相结合，探测目标的二维几何空间及一维光谱信息，获取高光谱分辨率的连续、窄波段的图像数据。目前，高光谱成像技术发展迅速，常见的包括光栅分光、声光可调谐滤波分光、棱镜分光、芯片镀膜等。

高光谱相机在电磁波谱的可见光、近红外、中红外和热红外波段范围内，获取许多非常窄的光谱连续的影像数据。高光谱图像在光谱维度上进行了细致的分割，不仅是传统所谓的黑、白或者R、G、B的区别，而是在光谱维度上也有N个通道，例如把400～1000nm分为300个通道。因此通过高光谱设备获取到的是一个数据立方，不仅有图像的信息，而且在光谱维度上进行展开，结果不仅可以获得图像上每个点的光谱数据，还可以获得任一个谱段的影像信息。

目前，无人机载荷向多样化发展，使无人机具备更多的任务能力，以应对各类复杂情况。载荷的小型化，使机体内部空间一方面可以装载更多的任务载荷，另一方面，可以增大电池的体积或发电机的功率，从而进一步提高无人机的性能。载荷的模块化设计，让无人机在执行不同任务或升级传感器时，能够迅速地重新安装各种传感器，可更快地满足执行特定任务的需要。多种任务载荷的集成，将多种任务载荷集成到一起，使采用单一任务载荷时易受到声、光、电、大气等影响的情况大大减少，提高完成任务的质量。随着计算机和自动控制技术突飞猛进的发展，无人机已不再是传统意义上的无人驾驶飞行器，而是向着具备更高自主能力的空中机器人迈进。

习题与思考题

1. 请简述多旋翼无人机的动力系统构成。
2. 无人机飞控系统中的传感器主要包括哪些？
3. 请简述多旋翼无人机任务载荷系统的作用。

第 3 章　摄影测量技术基础知识

3.1　摄影测量简介

摄影测量是指通过影像研究信息的获取、处理、提取和成果表达的一门信息科学。

摄影测量学是测绘学的分支学科，它的基本任务是严格地建立起摄影瞬间影像与对应目标物之间的几何关系。一旦这种对应关系得到正确恢复，就可以严密地从影像上导出关于目标物的信息。

摄影测量学的主要任务是测绘各种比例尺的地形图、建立数字地面模型，为各种地理信息和土地信息系统提供基础数据。摄影测量学要解决的两大问题是几何定位和影像解译，几何定位就是确定被摄物体的大小、形状和空间位置，影像解译就是确定影像对应地物的性质。

3.1.1　摄影测量的分类

1. 按照成像距离的不同分类（图 3-1）

（1）航天摄影测量（遥感）　传感器搭载在航天飞机或卫星上，摄影距离为 240 ~ 350km，主要用于卫星遥感影像测绘地形图或专题图，或快速提取所需空间信息。

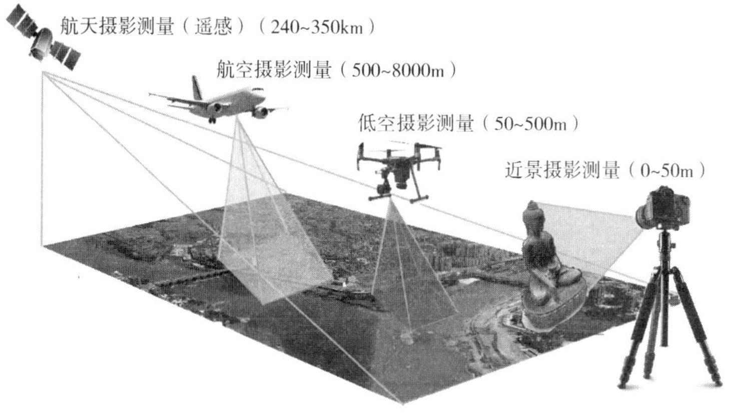

图 3-1　摄影测量的分类

(2) 航空摄影测量　传感器搭载在航空飞机或航空器上，摄影距离为 500 ~ 8000m，是当前摄影测量生产各种中小比例尺地形图的主要方法。

(3) 低空摄影测量　传感器搭载在无人机上，摄影距离为 50 ~ 500m，是生产各种大比例尺地形图的主要方法，也常用于小区域工程测图和补测航摄漏洞。

(4) 近景摄影测量　摄影距离小于 50m，主要用于特定的竖直目标，而非地形目标的测量。

本书目前所涉及的无人机领域的摄影测量，属于低空摄影测量。

2. 按用途分类

(1) 地形摄影测量　主要任务是测绘国家基本比例尺的地形图，以及城镇、农业、林业、地质、交通、工程、资源与规划等部门需要的各种专题图，建立地形数据库，为各种地理信息系统提供三维的基础数据。无人机摄影测量的应用场景通常属于地形摄影测量。

(2) 非地形摄影测量　主要是将摄影测量方法用于解决资源调查、变形观测、环境监测、军事侦察、弹道轨道、爆破，以及工业、建筑、考古、地质工程、生物和医学等各方面的科学技术问题。其对象与任务千差万别，但其主要方法与地形摄影测量一样，即从二维影像重建三维模型，在重建的三维模型上提取所需的各种信息。

3.1.2　摄影测量的任务

摄影测量的主要任务是对地观测，据此测绘各种比例尺的地形图和专题图，如图 3-2 所示，建立地形图数据库，并储备地理信息系统的建立与更新时需要的各种基础数据。

另外，摄影测量还广泛应用在非地形测绘领域，比如对爆破、高温、真空等危险现场进行监测。

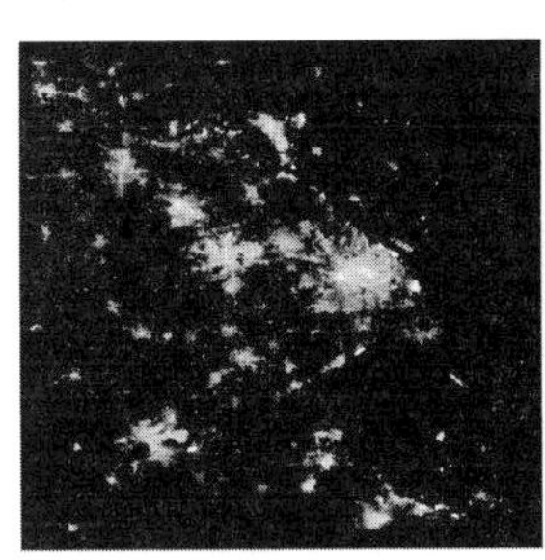

夜景遥感图
实证武汉疫后重振

无人机摄影测量
助力工程提高十倍效率

国土摄影测量
坚守18亿亩（1.2亿hm^2）耕地红线

图 3-2　摄影测量的任务

3.1.3　摄影测量的优势

相较于传统测量手段，摄影测量的优势包括：

1) 影像记录的物体目标客观、信息丰富、图像清晰，人们可以比较方便地获得所需要的几何或物理信息，将影像信息作为制图的依据具有非常突出的优势。

2）摄影测量不需要接触被测目标实物，因此测量作业不受工作现场条件的约束。例如，对滑坡、泥石流等地质灾害的监测具有危险性，不可能让人去现场进行实地观测，这时摄影测量手段的应用就显得尤为重要了。

3）摄影测量可以绘制动态变化或移动的目标。影像记录是对目标物体某时刻状态的真实反映，因此摄影测量可以用来研究动态的目标。并且这种研究是整体、全面、同时的，而非局部、片面、有时差的。例如，研究液体、气体等移动的非固定目标时可以应用摄影测量技术。

4）摄影测量可以绘制形态复杂的目标。在地形绘制中，应用经纬仪测绘山区的地形将会显得非常的困难，采集地形地貌的特征点时，如果丢失或缺少关键的特征点将会影响所绘地形图的准确性。

5）影像资料可以重复使用，永久保存。一份影像资料客观详细地反映了该地的地表情况，成为记录当地信息的重要资料，通过对不同时期的影像资料进行对比，可以研究该地的地貌变化特征和发展规律。

3.1.4　摄影测量的发展阶段

摄影测量经历了模拟摄影测量、解析摄影测量与数字摄影测量三个发展阶段。

（1）模拟摄影测量（1900—1960 年）　19 世纪中叶，劳塞达用摄影像片测制万森城堡图，标志着摄影测量的诞生。当时采用的是图解法逐点对像片进行测绘。后来出现了采用光学投影器、机械投影器或光学-机械投影器模拟摄影过程，用它们交会被拍摄目标的空间位置，这类的摄影测量仪器称为模拟摄影测量仪器。

（2）解析摄影测量（1956—1980 年）　随着电子计算机和自动控制技术以及模数转换等技术的出现和发展，对之前的模拟摄影测量仪器进行了一定的改进，利用数字投影代替物理投影，利用电子计算机控制量测、解算像点相应地面点的坐标并进行测图解算。这类依托计算机辅助人工操作的摄影测量称为解析摄影测量。

（3）数字摄影测量（1980 年至今）　数字摄影测量是以数字影像为基础，用电子计算机进行分析和处理，确定被摄物体的形状、大小、空间位置及其性质的技术，数字摄影测量具有全数字的特点。一张影像连续的像片可以定义为一组离散的二维灰度矩阵，每个矩阵元素的行列序号代表这个矩阵在像片中的位置，元素的数值是像片的灰度，矩阵元素在像片中的面积很小，有 13μm × 13μm、25μm × 25μm、50μm × 50μm 等，称为像元（pixel）。

数字影像的获取方式有两种：一是由遥感器在摄影时直接获取，二是通过对像片的数字化扫描获取，对已获取的数字影像预处理，使之适于判读与量测，然后在数字摄影测量系统中进行影像匹配和测量，便可以得到各种数字成果，这些成果可以输出成图形图像，也可以直接应用。数字摄影测量适用性很强，能处理航空像片、近景摄影像片等各种资料，能为地图数据库的建立与更新提供数据，能用于制作数字模型、数字地球，数字摄影测量是地理信息系统获取地面数据的重要手段之一。

数字摄影测量与模拟摄影测量、解析摄影测量的最大区别在于数字摄影测量处理的原始资料是数字影像或数字化影像，数字摄影测量最终是以计算机视觉代替人的立体观测，数字摄影测量所使用的仪器是通用计算机及其相应的外部设备，其产品是数字形式的，而传统的产品只是该数字产品的模拟输出。

3.2　倾斜摄影测量

3.2.1　倾斜摄影测量的概念

倾斜摄影技术是测绘领域近些年发展起来的一项高新技术，传统航空摄影只能从竖直角度拍摄地物，而倾斜摄影测量颠覆了以往正射影像垂直角度拍摄的局限，通过在同一平台搭载多台传感器，同时从多个角度采集影像，获取到丰富的建筑物顶面及侧视的高分辨率纹理，如图3-3所示。它不仅能够真实地反映地物情况，高精度地获取地物纹理信息，还可通过先进的定位、融合、建模等技术，生成真实的三维城市模型，这有效弥补了传统航空摄影的不足。

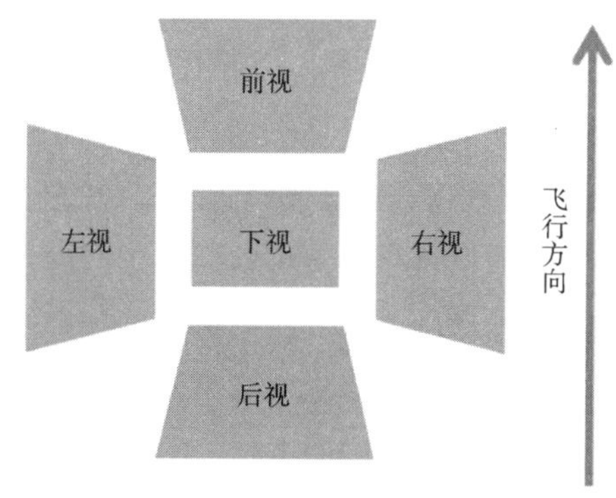

图3-3　倾斜摄影测量示意图

3.2.2　倾斜摄影相机的性能要求

倾斜摄影相机的关键技术指标是获取不同角度影像的能力和单架次作业的广度和深度。这包括五镜头（图3-4）、三镜头、双镜头等多镜头相机及可以调整相机拍摄角度的单镜头相机系统。在无人机航测标准中，要求航测相机像素不低于3500万，在倾斜摄影中可以不对单一相机的像素进行限定，而对一次曝光获取的影像像素进行控制。倾斜摄影相机的性能要求可以从获取影像能力、作业时间、曝光功能、续航时间、POS记录功能等方面做出限定。

1）倾斜摄影一次曝光采集的像素越高越好，但要根据设备成本考量，单个镜头不低于2000万像素，一次曝光不低于1亿像素。

2）作业时间至少能满足90min，最好具备全天候的作业能力。

3）有定点曝光功能，确保影像重叠度满足要求。

图3-4 倾斜摄影相机

3.2.3 倾斜摄影测量技术特点

倾斜摄影测量不仅能够真实地反映地物情况，而且可通过先进的定位技术，嵌入精确的地理信息、丰富的影像信息，极大地提高了航空摄影测量的应用场景。倾斜影像技术的应用，使得目前高昂的三维城市建模成本大幅度降低，大大提高了三维城市建模的速度。

使用倾斜摄影测量技术生成三维模型的技术方案，具有以下优点：

1）高精度、高分辨率。倾斜摄影平台搭载于低空飞行器，可获取厘米级高分辨率的竖直和倾斜影像。

2）丰富的地物纹理信息。倾斜摄影从多个不同的角度采集影像，能够获取地物侧面更加真实丰富的纹理信息，弥补了正射影像只能获取地物顶面纹理的不足。

3）逼真的三维空间场景。通过影像构建的真实三维场景，不仅拥有准确的地物地理位置坐标信息，并且可精细地表达地物的细节特征，包括凸出的屋顶和外墙，以及地形地貌等精细特征，720°无死角浏览模型。

3.3 摄影测量产品

3.3.1 DOM（数字正射影像图）

数字正射影像图（Digital Orthophoto Map，简称DOM）是以航摄像片或遥感影像（单色/彩色）为基础，经扫描处理并经逐像元辐射改正、微分纠正和镶嵌，按地形图范围裁剪成的影像数据，并将地形要素的信息以符号、线画、注记、公里格网、图廓（内/外）

整饰等形式填加到该影像平面上，形成以栅格数据形式存储的影像数据库。它具有地形图的几何精度和影像特征，如图3-5所示。

图3-5　DOM示意图

（1）影像特征　数字正射影像图是同时具有地图几何精度和影像特征的图像。DOM具有精度高、信息丰富、直观逼真、获取快捷等优点，可作为地图分析背景控制信息，也可从中提取自然资源和社会经济发展的历史信息或最新信息，为防治灾害和公共设施建设规划等应用提供可靠依据，还可从中提取和派生新的信息，实现地图的修测更新，经实践评价，其他数据的精度、现实性和完整性都很优良。

（2）制作方法　由于获取制作正射影像的数据源不同，以及技术条件和设备的差异，数字正射影像图的制作有多种方法，其中主要包括以下三种：

1）全数字摄影测量方法。通过数字摄影测量系统来实现，即对数字影像进行内定向、相对定向、绝对定向后，形成DEM（数字高程模型），按反解法做单元数字微分纠正，将单片正射影像进行镶嵌，最后按图廓线裁切得到一幅数字正射影像图，并进行地名注记、公里格网和图廓整饰等，经过修改后，绘制成DOM保存。

2）单片数字微分纠正。如果一个区域内已有DEM数据以及像片控制成果，就可以直接使用该成果数据DOM，其主要流程是对航摄负片进行影像扫描后，根据控制点坐标进行数字影像内定向，再由DEM成果做数字微分纠正。

3）正射影像图扫描。若已有光学投影制作的正射影像图，可直接对光学正射影像图进行影像扫描数字化，再经几何纠正就能获取数字正射影像的数据。几何纠正是直接针对扫描变换进行数字模拟，扫描图像的总体变形过程可以看作是平移、缩放、旋转、仿射、偏扭、弯曲等基本变形的综合作用结果。

3.3.2 DEM（数字高程模型）

数字高程模型（Digital Elevation Model，简称 DEM）是一定范围内规则格网点的平面坐标（X，Y）及其高程（Z）的数据集，它主要是描述区域地貌形态的空间分布，是通过等高线或相似立体模型进行数据采集（包括采样和量测），然后进行数据内插而形成的，如图 3-6 所示。

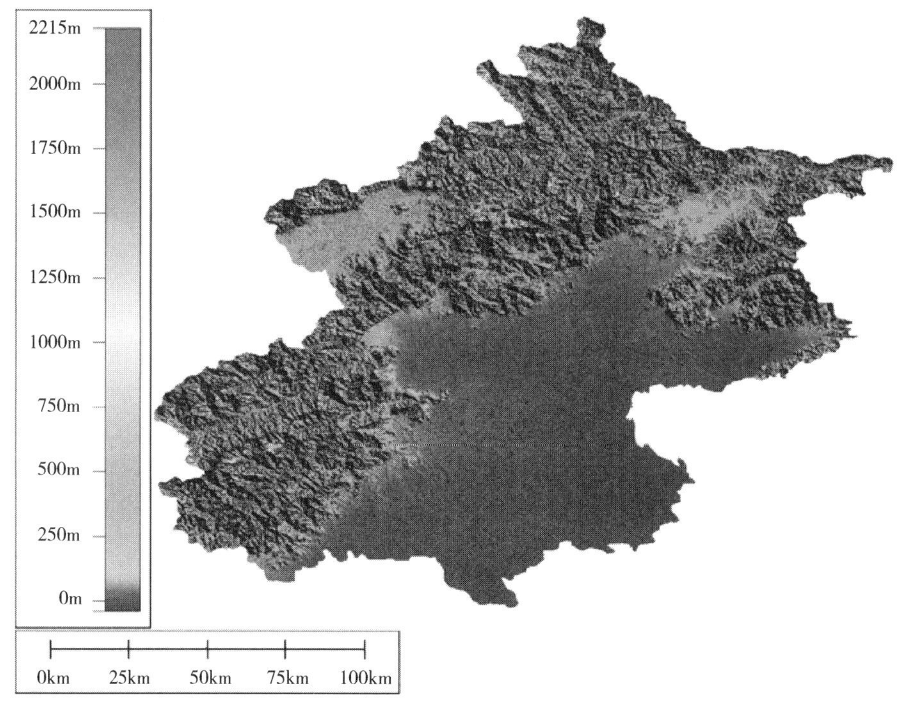

图 3-6　DEM 示意图

DEM 是用一组有序数值阵列形式表示地面高程的一种实体地面模型，是数字地形模型（DTM）的一个分支，其他各种地形特征值均可由此派生。一般认为，DTM 是描述包括高程在内的各种地貌因子，如坡度、坡向、坡度变化率等因子在内的线性和非线性组合的空间分布，其中 DEM 是单项数字地貌模型，其他如坡度、坡向及坡度变化率等地貌特性可在 DEM 的基础上派生。

（1）建立方法　建立 DEM 的方法有多种，从数据源及采集方式上包括：

1）直接从地面测量，所涉及的仪器有水平导轨、测针和相对高程测量板等构件，也可以用 GPS、全站仪、野外测量等高端仪器。

2）根据航空或航天影像，通过摄影测量途径获取，如立体坐标仪观测及空三加密法、解析测图、数字摄影测量等。

3）从现有地形图上采集，如格网读点法、数字化仪手扶跟踪及扫描仪半自动采集然后通过内插生成 DEM 等方法。

（2）计算方法　计算方法包括有规则网络结构和不规则三角网（简称 TIN）两种算法，目前常用的算法是 TIN，通过等高线和高程点建立 TIN，然后在 TIN 基础上通过线性和双线性内插建 DEM。

TIN 结构数据能以不同层次的分辨率来描述地表形态，与格网数据模型相比，TIN 模型在某一特定分辨率下能用更少的空间和时间更精确地表示更加复杂的表面，特别是当地形包含有大量特征如断裂线、构造线时，TIN 模型能更好地顾及这些特征。

（3）分辨率　DEM 分辨率是 DEM 刻画地形精确程度的一个重要指标，同时也是决定其使用范围的一个主要的影响因素，DEM 的分辨率是指 DEM 最小的单元格的长度。因为 DEM 是离散的数据，所以（X，Y）坐标其实都是一个个的小方格，每个小方格上标识出其高程。这个小方格的边长就是 DEM 的分辨率。分辨率数值越小，分辨率就越高，刻画的地形程度就越精确，同时数据量也呈几何级数增长。所以 DEM 制作的时候要依据需要，在精确度和数据量之间做出平衡选择。

（4）用途　由于 DEM 描述的是地面高程信息，它在测绘、水文、气象、地貌、地质、土壤、工程建设、通信、军事等国民经济和国防建设以及人文和自然科学领域有着广泛的应用。如在工程建设上，可用于如土方量计算、通视分析等；在防洪减灾方面，DEM 是进行水文分析如汇水区分析、水系网络分析、降雨分析、蓄洪计算、淹没分析等的基础；在无线通信上，可用于蜂窝电话的基站分析等。

3.3.3　DRG（数字栅格地图）

数字栅格地图（DRG）是现有纸质地形图经计算机处理后得到的栅格数据文件。数字栅格地图一般由矢量的数字线划地图直接进行格式转换得到，因此在内容、几何精度和色彩上与基本比例尺地形图保持一致，如图 3-7 所示。

（1）技术特征　数字栅格地图的技术特征为：地图地理内容、外观视觉式样与同比例尺地形图一样，平面坐标系统采用 1980 西安坐标系大地基准，地图投影采用高斯-克吕格投影，高程系统采用 1985 国家高程基准，图像分辨率为输入大于 400dpi，输出大于 250dpi。

（2）制作方法

1）彩色底图。原图必须平整、无折，点线清晰、色彩标准，原图现势性应符合标准要求。

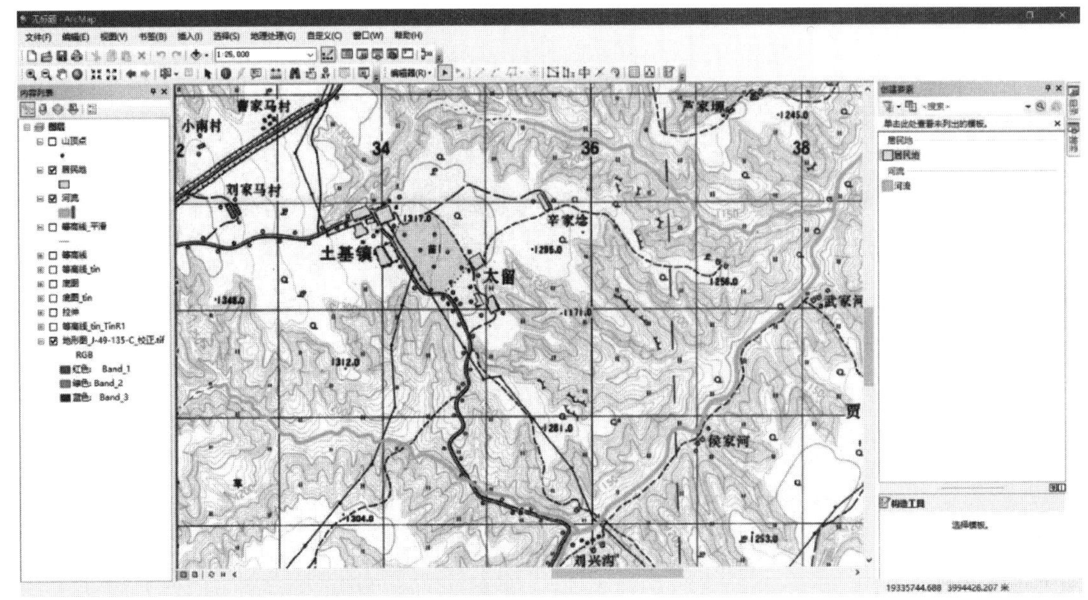

图 3-7　DRG 示意图

一张纸质的模拟地图，通过扫描仪，其中线阵 CCD 传感器对图形进行分割，生成二维阵列系统，同时对每一系统的灰度（或分色）进行量化，再经二值化处理、图形定向、几何校正即形成一幅数字栅格地图。

2）图形扫描。采用扫描分辨率不低于 400dpi 的单色或彩色扫描仪扫描。

3）图幅定向。将栅格图幅由扫描仪坐标变换为高斯投影平面直角坐标。

4）几何校正。消除图底及扫描产生的几何畸变，可以采用相关软件对栅格图像的畸变进行校正。

5）色彩校正。用 PHOTOSHOP 等图像软件进行栅格编辑，对单色图按要素人工设色，对彩色图作色彩校正，为使色彩统一，应按规定的 RGB 比例选择所用的几种色调。

6）最终产品是经过无损压缩的 TIFF 文件。

（3）用途　DRG 可作为背景用于数据参照或修测拟合其他地理相关信息，使用于数字线划地图（DLG）的数据采集、评价和更新，还可与数字正射影像图（DOM）、数字高程模型（DEM）等数据信息集成使用，派生出新的可视信息，从而提取、更新地图数据，绘制纸质地图。

3.3.4　DLG（数字线划地图）

数字线划地图（DLG）是现有地形图上基础地理要素分层存储的矢量数据集。DLG 既包括空间信息也包括属性信息，可用于建设规划、资源管理、投资环境分析等各个方面，以及可作为人口、资源、环境、交通、治安等各专业信息系统的空间定位基础，如图 3-8 所示。

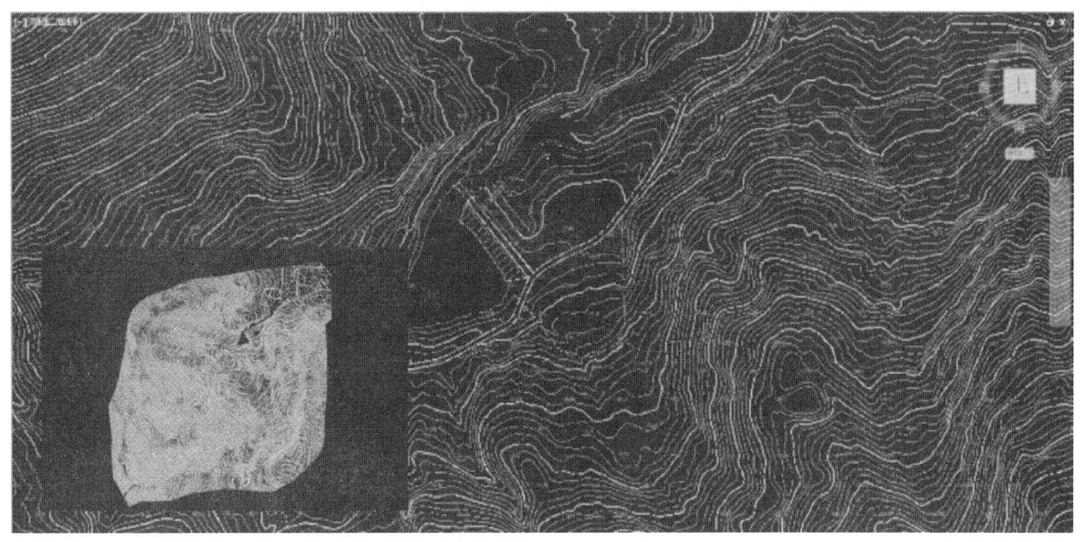

图 3-8　DLG 示意图

1. 特点

数字线划地图具有动态性，其内容和表现效果能够实时修改，内容的补充、更新极为方便。数字线划地图内容的组织较为灵活，可以分层、分类、分级提供使用，能够快速地进行检索和查询。数字线划地图显示时，能够漫游、开窗和放大缩小。数字线划地图所提供的信息能够用于统计分析，进行辅助决策。

2. 数据组织方法及数据格式

数字线划地图的数据按图幅进行组织，每幅数字线划地图由 3 类数据文件组成，即元数据文件、属性数据文件和坐标数据文件。每幅图的图号作为所有数据文件的前缀，而后缀用来标识不同类型的数据文件。

元数据文件是数字线划地图的档案信息，含有多项内容，根据所描述的内容不同，分别用字符型、整型、双精度型、浮点型等数据类型表示，其长度和表示方法都有详细的规定。这些内容主要包括数字线划地图生产单位、生产日期、图名、图号、图幅、等高距、地图比例尺、图廓点坐标、地球椭球参数、大地坐标系统、地图投影方式、坐标维数、高程基准、主要资料、接边情况、地图要素更新方法及更新日期等属性数据。

3. 主要生产技术和方法

1）解析或机助数字化测图。这种方法是通过解析测图仪或模拟仪器对航片进行立体测图，来获得所需的 DLG 数据，然后利用一些图形处理软件（如 AutoCAD 等）对获得的数据进行编辑，最终形成成果数据。

2）人机交互矢量化成图。对现有的地形图进行扫描，利用矢量化软件（如 Geoscan、Mapscan）将扫描影像进行矢量化后转入相应的系统中，对数据编辑处理后生成线划图。

3）在数字正射影像图上，人工跟踪框架要素数字化。这种方法是利用 AutoCAD 等软件工具将现有的数字正射影像图按一定比例插入工作区中，在屏幕上对所需的相应要素进行跟踪采集，最后生成线划图。

4）数字摄影测量，三维跟踪测量。目前很多数字摄影测量软件都具有相应的矢量图系统，而且它们的精度指标都较高。

习题与思考题

1. 传统与现代的摄影测量有什么本质区别？
2. 摄影测量经历了哪几个发展阶段？每个阶段特点是什么？
3. 摄影测量的数字化产品包括哪些？

第 4 章　摄影测量学基础知识

4.1　常用参数

4.1.1　相机及影像参数

（1）传感器尺寸　传感器尺寸（又称 CCD 尺寸）是指感光元件对角线的长度，常用单位为英寸（in）。常见的有 1/4in、1/3in、1/2in、2/3in、1in 等，如图 4-1 所示。

其工作的原理就是通过 CMOS 上每个像素点获取外界光子，通过转换变为信息记录到内存中。单个像素越宽代表每个像素点的面积越大，通常情况下像素点的面积越大其捕捉的光子越多，感光性能越好，越不容易产生噪点。而像素点面积越小，所获得的信息量自然也就越少。

所以传感器面积越大成像效果越好，不过随着传感器尺寸变大，相应的相机体积、重量都会增加。而无人机平台受载荷重量的限制，通常只能选择兼顾重量和传感器尺寸的相机。

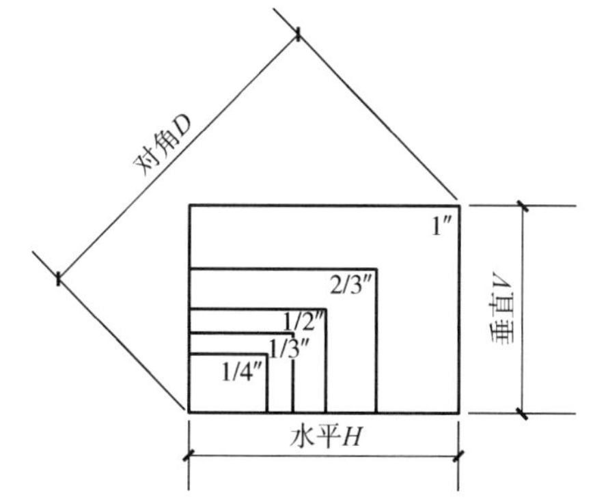

CCD尺寸	实际尺寸/mm		
	水平（H）	垂直（V）	对角（D）
1″	12.8	9.6	16.0
2/3″	8.8	6.6	11.0
1/2″	6.4	4.8	8.0
1/3″	4.8	3.6	6.0
1/4″	3.6	2.7	4.5

图 4-1　传感器尺寸

（2）像元　在栅格图像中，每个小方格实际就是一个像素。像元大小就是每个像素所代表栅格的大小，其值等于传感器尺寸除以图像最大尺寸，单位为微米。如大疆精灵 4Pro 的像元大小是 4.3μm。

（3）焦距　焦距是指从透镜中心到光聚集之焦点的距离，是光学系统中衡量光的聚集或发散的度量方式。如图 4-2 所示，镜头焦距的长短能影响拍摄对象的成像大小、视场角、景深等。在同一距离用不同镜头拍摄同一对象时，焦距越长所成的像越大，焦距越短所成的像越小。

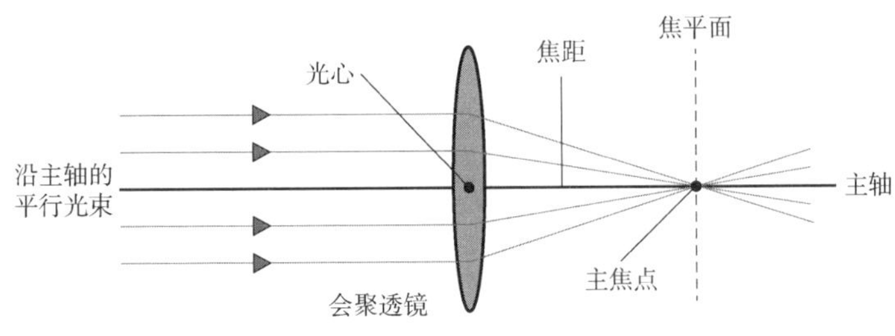

图 4-2　焦距原理示意图

对于现在常用的相机（以全画幅 24mm × 36mm 为标准）来说，通常把焦距分为超广角、广角、标准、中焦、长焦和望远。

1）焦距在 24mm 以下可以称为超广角，俗称的“鱼眼镜头”就是指此焦距范围的镜头。

2）焦距在 24 ~ 40mm 称为广角。

3）焦距在 40 ~ 55mm 称为标准。

4）焦距在 55 ~ 135mm 称为中焦。

5）焦距在 135 ~ 300mm 称为长焦。

6）焦距在 300mm 以上称为望远。

那么镜头在不同焦距下拍摄时会有什么不同的效果呢？通过一组图片（图 4-3）来进行说明，所有图片在拍摄时相机位置都是固定的，只是改变镜头焦距。

焦距：16mm

焦距：24mm

焦距：35mm

焦距：70mm

图 4-3　不同焦距下的图片对比

（4）地面分辨率（GSD）和模型精度　地面分辨率也称为影像精度（Ground sample distance，简称 GSD），是以一个像素（pixel）代表的地面尺寸（m），其值与摄影高度和相机焦距有关。

地面分辨率公式如下（单位：米/像素）：

$$地面分辨率 = 传感器尺寸 \times 航高 /(焦距 \times 图像最大尺寸) \tag{4-1}$$

通过以上公式，我们还可以进行飞行高度的计算。以大疆精灵 Phantom 4 RTK 为例，传感器尺寸为 13.2mm × 8.8mm，像幅尺寸为 5472 × 3648，像元大小为 2.41μm，即：13.2mm/5472 = 2.41228μm。相机焦距为 8.8mm，代入式（4-1）得 $H \approx 36.5 \times GSD$，如需要的 GSD 为 5cm/pixel 的数据，通过计算得到的飞行高度约为 182m。考虑到飞行时的环境影响，一般会低于计算得到的飞行高度去作业，我们可以选取 150m 的飞行高度来确保得到的数据满足要求，如图 4-4 所示。

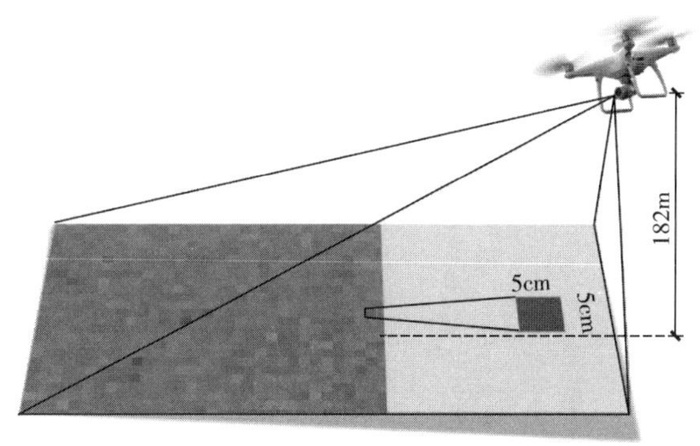

图 4-4　飞行高度与模型精度的关系

模型精度通常是指通过仪器在实地测量地面上点的位置与模型上采集该点的位置计算出的中误差。倾斜摄影的模型精度一般是照片分辨率的三倍，就是根据照片生成的正射影像的地面分辨率的三倍，如果生成的正射影像的分辨率是 2cm/像素，那模型精度基本就是 5 ~ 10cm。

（5）影像分辨率　影像分辨率是指地面分辨率在不同比例尺的具体影像上的反映。影像分辨率随影像的比例尺不同而变化，像素和分辨率是成正比的，像素越多，分辨率也越高。像素分有效像素和 CCD/CMOS 像素。500 万像素的数码相机，最大影像分辨率是 2592 像素 × 1944 像素，800 万像素的数码相机，最大影像分辨率是 3264 像素 × 2448 像素。可以看出，像素越多，最大输出的影像分辨率也越高。

4.1.2　摄影参数

（1）中心投影和平行投影　投射线交于一点的投影为中心投影，即有一个点光源和一个物体，光源的光是以分散的方式照射到物体上所形成的投影，如图 4-5a 所示。

投射线相互平行的投影称为平行投影，即有一个平行光源和一个物体，平行光源的光以平行的方式照射到物体上所形成的投影，平行投影又分为斜投影和正射投影，实际测量中，地面与地形图之间的投影关系为正射投影。

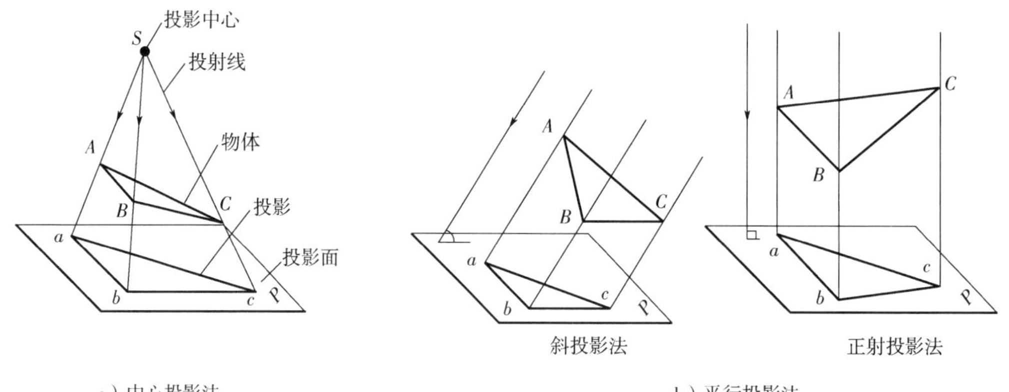

a）中心投影法　　b）平行投影法

图 4-5　中心投影与平行投影

（2）摄影比例尺　航摄比例尺是航摄影像上一线段 l 与相应地面线段 L 的水平距离之比：

$$\frac{1}{m}=\frac{l}{L}=\frac{f}{H} \tag{4-2}$$

这里的 m 就是航摄比例尺的分母，f 为摄像机主距（焦距），H 为平均高程面的摄影高度或者航高。这里的航高一般为相对于某一水准面的相对航高，如图 4-6 所示。

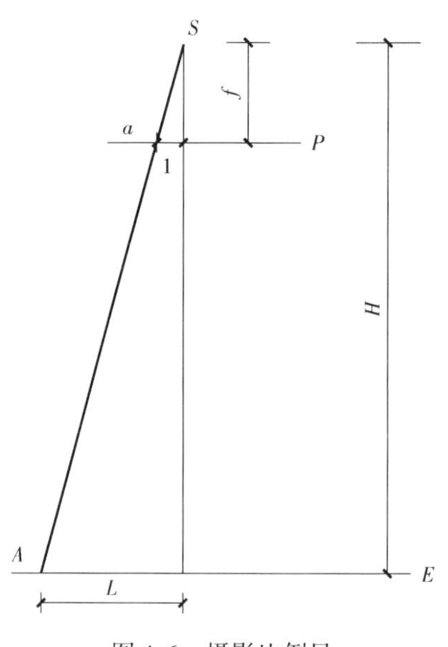

图 4-6　摄影比例尺

（3）像片重叠度　像片重叠度是指飞机沿航线摄影时，相邻像片之间或相邻航线之间所保持的影像重叠程度。前者称为航向重叠度，后者称为旁向重叠度，以像片重叠部分的长度与像幅长度之比的百分数表示，如图 4-7、图 4-8 所示。

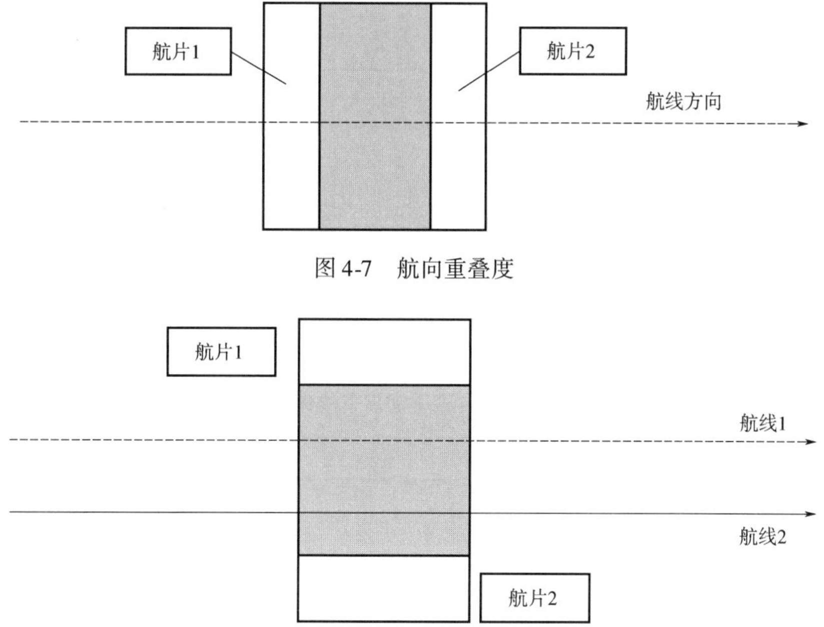

图 4-7　航向重叠度

图 4-8　旁向重叠度

为满足航测成图的要求，一般规定航向重叠度为 60%，最少不得少于 53%；旁向重叠度为 30%，最少不得少于 15%；当地形起伏较大时，还需要增加因地形影响的重叠百分数。

根据项目需求不同，重叠度可做以下调整：

1）航测生产地形图：航向重叠度一般设置为 80%，旁向重叠度一般设置为 60%，记为（80×60）。

2）生产正射影像 DOM，航向重叠度一般设置为 70%，旁向重叠度一般设置为 60%，记为（70×60）。

3）无人机倾斜三维建模要求航向重叠度和旁向重叠度至少均为 70%，记为（70×70）。

（4）航线弯曲　把一条航线的航摄像片根据地物影像拼接起来，各张像片的主点连线不在一条直线上，而呈现为弯弯曲曲的折线，称航线弯曲，如图 4-9 所示。其中航线弯曲度为航线最大弯曲矢量与航线长度之比的百分数，要求航线弯曲度 $<3\%$。

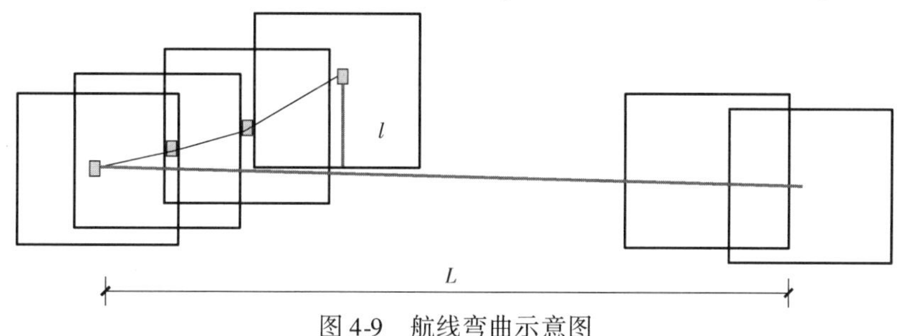

图 4-9　航线弯曲示意图

（5）像片旋偏角　相邻两像片的主点连线与像幅沿航带飞行方向的两框标连线之间的夹角称为像片的旋偏角，如图 4-10 所示。

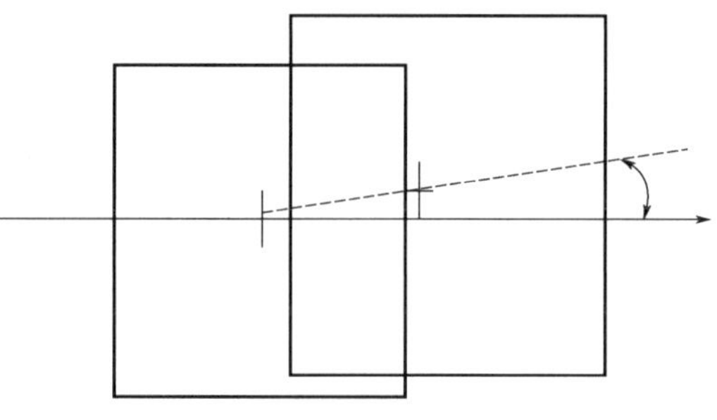
图 4-10　像片旋偏角

像片旋偏角是由于摄影时航摄机定向不准确而产生的。旋偏角不但会影响像片的重叠度，而且还给航测内业作业增加难度。因此对像片的旋偏角，一般要求小于 6°，不应大于 8°，而且不能有连续三片超过 6°的情况，见表 4-1。

表 4-1　不同航测比例尺下旋偏角要求

序号	航测比例尺	旋转角
1	$a<1:7000$	一般 <6°，个别 <8°
2	$1:3500>a\geqslant 1:7000$	一般 <8°，个别 <10°
3	$a\geqslant 1:3500$	一般 <10°，个别 <12°

（6）影像畸变　影像畸变是指遥感影像与其所反映的地表真实影像之间产生的光谱特性和几何特性方面的误差，通常可分为桶形畸变和枕形畸变，如图 4-11 所示。航片的影像畸变一般是指几何畸变。其一般包括系统性畸变和非系统性畸变。系统性畸变可通过传感器系统参数或姿态参数测定来确定，非系统性畸变一般是随机的。

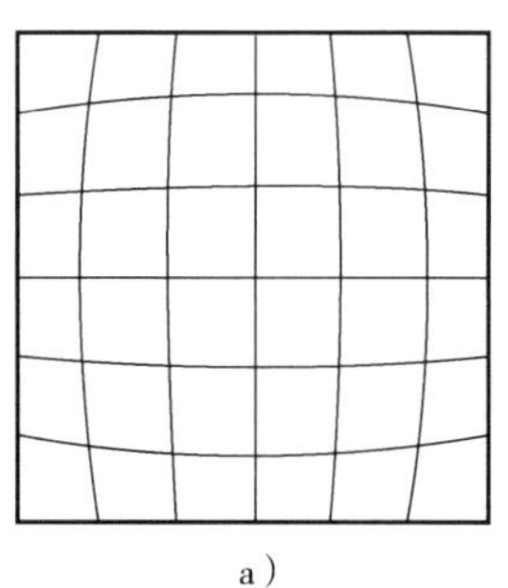
a）

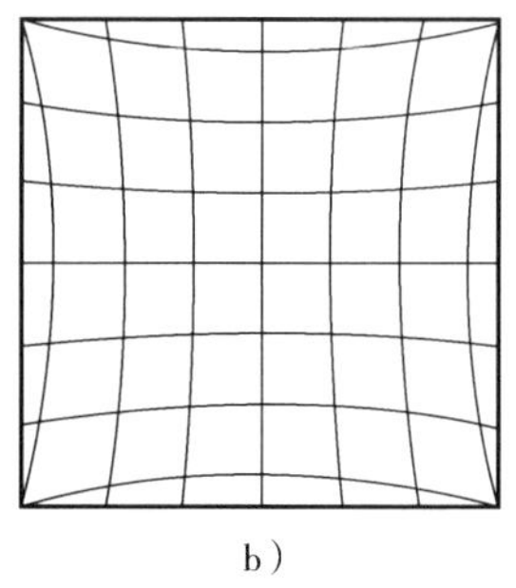
b）

图 4-11　桶形畸变和枕形畸变

无人机携带的相机一般为非专业量测相机，畸变较大，须进行畸变校正才能保证后期数据处理的正确性。

（7）摄影基线　摄影基线是指立体像对两摄影站之间的距离，对航空摄影来说，是指航空摄影机连续两次曝光时两物镜前节点间的空间距离，如图 4-12 所示。

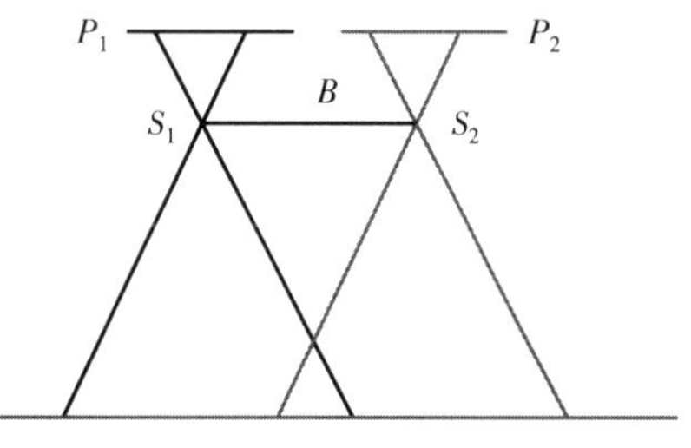

图 4-12　摄影基线示意图

4.2 基本坐标系和内外方位元素

不同的摄影测量方式既有区别，也有联系，它们都需要构建地面点和像点之间严密的数学模型，该数学模型的建立涉及相关参数及不同空间坐标系之间一系列的转换。以航空摄影测量为例，涉及的坐标系统和参数包括像平面坐标系统、像空间坐标系统、像空间辅助坐标系统、摄影测量坐标系统、地面辅助坐标系统、地面测量坐标系统，以及内方位元素和外方位元素等。

下面简要介绍与航空摄影测量相关的坐标系统与内外方位元素。

4.2.1 摄影测量常用的坐标系

（1）像方空间坐标系

1）像平面坐标系 $O\text{-}xy$。像平面坐标系是影像平面内的直角坐标系，用以表示像点在像平面上的位置。若投影中心为 S，摄影方向与影像平面的交点 O 称为影像的像主点。像平面坐标系是以像主点 O 为坐标原点，x、y 轴分别平行于框标坐标系 x、y 轴，如图 4-13 所示。

2）像空间坐标系 $S\text{-}xyz$。为了描述像点在空间的位置，需将像平面坐标系转换成像空间坐标系。该坐标系以摄站点（或投影中心）S 为坐标原点，摄影机的主光轴 SO 为坐标系的 z 轴，像空间坐标系的 x、y 轴分别与像平面坐标系的 x、y 轴平行，如图 4-14 所示。

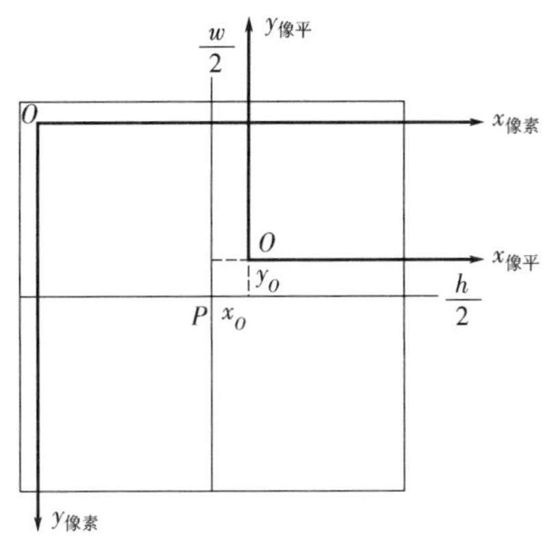

图 4-13 像平面坐标系

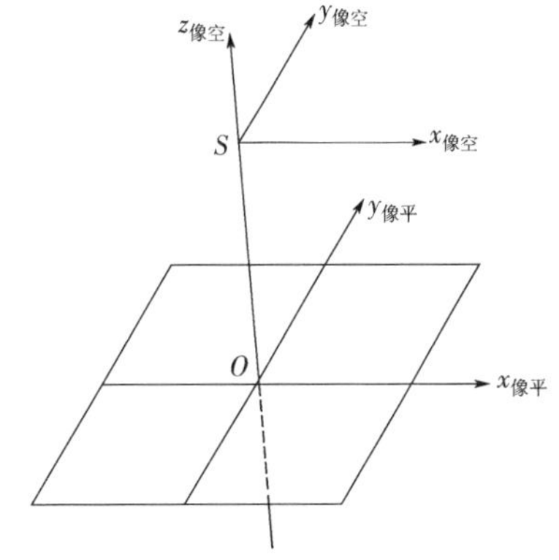

图 4-14 像空间坐标系

3）像空间辅助坐标系 $S\text{-}XYZ$。以摄站点（或投影中心）S 为坐标原点，在航空摄影测量中通常以铅垂方向（或设定的某一竖直方向）为 Z 轴，并取航线方向为 X 轴。

（2）物方空间坐标系 如图 4-15 所示，摄影测量坐标系统包括：

1）摄影测量坐标系 $S\text{-}XYZ$（图 4-15a）。该坐标系是用来描述解析摄影测量过程中模型点的坐标，在航空摄影测量中通常以地面上某一点 A 为坐标原点，而它的坐标轴与像空间辅助坐标轴平行。

2）地面辅助坐标系 $O_t\text{-}X_tY_tZ_t$（图 4-15b）。地面辅助坐标系是摄影测量计算中经常采用的过渡性的地面坐标系统，采用右手空间直角坐标系统，用来描述摄影测量中模型点的坐标，在摄影测量中通常以某一点为坐标原点，摄影测量坐标轴与像空间辅助坐标轴平行。

3）地面测量坐标系 $O_T\text{-}X_TY_TZ_T$（图 4-15c）。地物所在的空间直角坐标系，即地面测量坐标系，与其他坐标系不同，该坐标系为左手直角坐标系。这里讨论的地面测量坐标系是指高斯平面直角坐标系，高程以我国 1985 国家高程系统为标准，地面测量坐标系的纵轴指向正北方向。

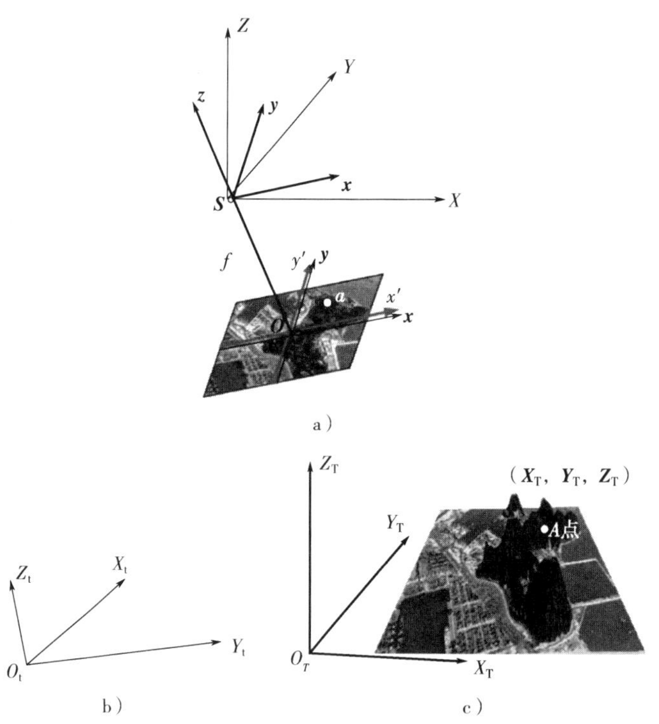

图 4-15　摄影测量坐标系统

4.2.2　空间直角坐标系的转换

1. 像平面坐标系—像空间坐标系的转换

由于像平面坐标系是二维坐标系，因此需要将像平面坐标系转化为像空间直角坐标系，属于反向投影关系，即从 2D 转换到 3D，如图 4-16 所示。

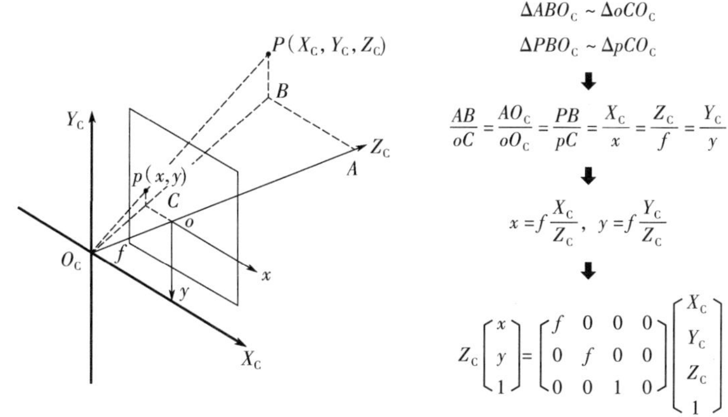

图 4-16　像平面坐标系—像空间坐标系的投影关系

2. 像空间直角坐标系—像空间辅助坐标系的转换

由于各个像片的像空间直角坐标系不统一，因此需建立像空间辅助直角坐标系将所有的像空间直角坐标系全部转化为统一的坐标系，接着将像空间辅助坐标系转化为摄影测量坐标系。这个过程需要进行旋转变换，将一个坐标系按照某种顺序依次地旋转三个角度即可变换为另一个同原点的坐标系，如图 4-17 所示。

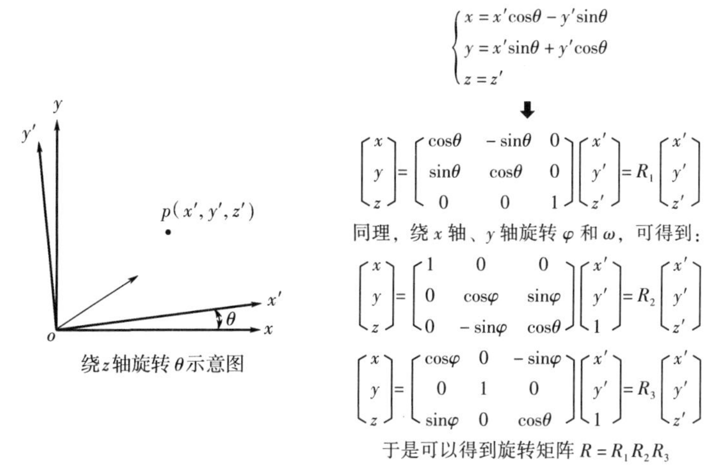

图 4-17　像空间直角坐标系—像空间辅助坐标系的旋转变换

3. 摄影测量坐标系—地面测量坐标系的转换

摄影测量坐标系通过地面辅助坐标系最后转化为地面测量坐标系，这个过程表示坐标系的旋转变换加上平移变换，如图 4-15 所示，即从 4-15b 经（R、T）转变成 4-15c 坐标体系（R 表示旋转矩阵，T 表示偏移向量）。

4.2.3　内外方位元素

（1）内方位元素　摄影中心相对于影像位置关系的参数，称为影像的内方位元素。内方位元素包括以下3个参数：像主点（主光轴在影像面上的垂足）相对于影像中心的位置 x_0、y_0，以及摄影中心到影像面的垂距 f（也称主距），如图4-18所示。

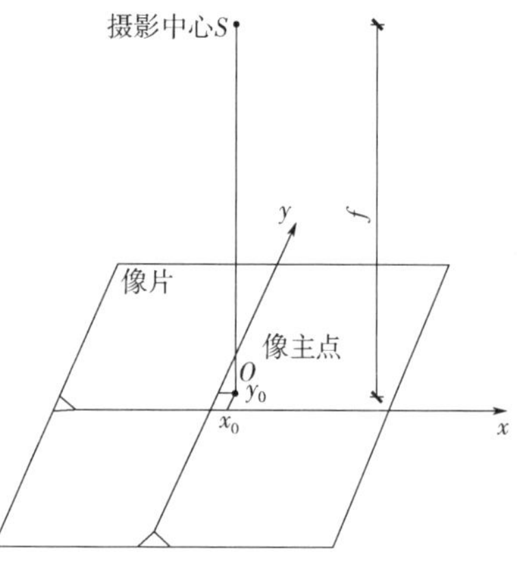

图4-18　内方位元素

（2）外方位元素　影像或摄影光束在摄影瞬间的空间位置和姿态的参数，称为影像的外方位元素。一幅影像的外方位元素包括6个参数，其中有3个是线元素，用于描述摄影中心 S 相对于摄影测量坐标系的位置 X_S、Y_S、Z_S；另外3个是角元素，用于描述影像面在摄影瞬间的空中姿态。

4.3　共线方程、前方交会、后方交会

4.3.1　共线方程

在摄影时，地面上一点 A 经过摄影仪 S，在像片上形成构像 a，在理想的情况下，摄影瞬间像点、投影中心、物点位于同一条直线上，如图4-19所示，我们把描述三点（A、S、a）共线的方程，称为共线条件方程。

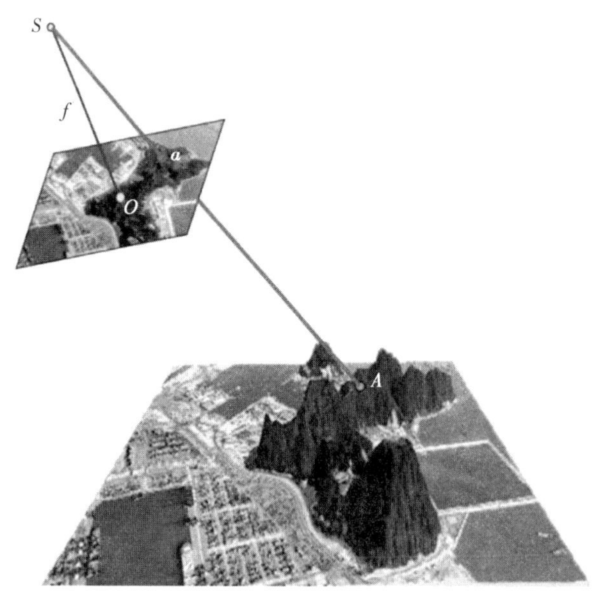

图4-19　三点共线示意图

共线条件是中心投影构像的数学基础，也是各种摄影测量处理方法的重要理论基础。

如图 4-20 所示，以 S 为摄影中心，在地面摄影测量坐标系中的坐标为（X_S，Y_S，Z_S），A 为任一物方空间点，它的摄影测量坐标为（X_A，Y_A，Z_A）。a 为 M 在影像上的构像，相应的像空间坐标和像空间辅助坐标分别为（x，y，$-f$）和（X'，Y'，Z'）。摄影时 S、a、A 三点位于一条直线上，像点的像空间辅助坐标与物方点摄影测量坐标之间有以下关系：

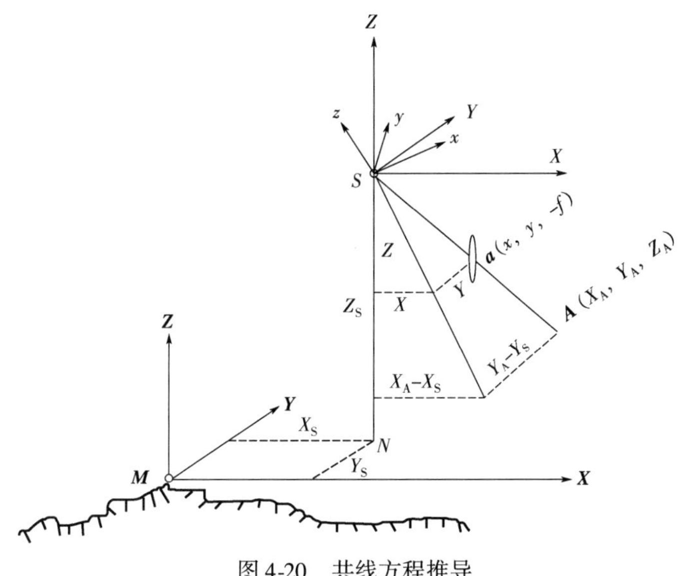

图 4-20　共线方程推导

$$\frac{X - X_S}{X'} = \frac{Y - Y_S}{Y'} = \frac{Z - Z_S}{Z'} = \lambda \tag{4-3}$$

式中，λ 为比例因子，则：

$$X' = \frac{1}{\lambda}(X - X_S),\ Y' = \frac{1}{\lambda}(Y - Y_S),\ Z' = \frac{1}{\lambda}(Z - Z_S) \tag{4-4}$$

由像点的像空间坐标与像空间辅助坐标的关系可知：

$$\frac{x}{-f} = \frac{a_1 X' + b_1 Y' + c_1 Z'}{a_3 X' + b_3 Y' + c_3 Z'} \tag{4-5}$$

$$\frac{y}{-f} = \frac{a_2 X' + b_2 Y' + c_2 Z'}{a_3 X' + b_3 Y' + c_3 Z'} \tag{4-6}$$

式中，a_i、b_i、c_i为方向余弦，分别是像空间辅助坐标系各轴与相应的像空间坐标系各轴夹角的余弦。

将式（4-4）分别带入式（4-5）和式（4-6），得到

$$\begin{cases} x = -f\dfrac{a_1(X - X_S) + b_1(Y - Y_S) + c_1(Z - Z_S)}{a_3(X - X_S) + b_3(Y - Y_S) + c_3(Z - Z_S)} \\ y = -f\dfrac{a_2(X - X_S) + b_2(Y - Y_S) + c_2(Z - Z_S)}{a_3(X - X_S) + b_3(Y - Y_S) + c_3(Z - Z_S)} \end{cases} \tag{4-7}$$

式（4-7）就是共线条件方程式，式中 x、y 为像点的平面坐标；X_S、Y_S、Z_S 为摄站点的地面摄影测量坐标；X、Y、Z 为像点的地面摄影测量坐标。

共线方程的主要应用有：

1）单像空间后方交会和多像空间前方交会。

2）解析空中三角测量光束法平差中的基本数学模型。

3）构成数字投影的基础。

4）计算模拟影像数据（已知影像内外方位元素和物点坐标求像点坐标）。

5）利用数字高程模型（DEM）与共线方程制作正射影像。

6）利用 DEM 与共线方程进行单幅影像测图。

4.3.2 单像空间后方交会

如果知道每幅影像的 6 个外方位元素，就能确定被摄物体与航摄影像的关系。因此如何获取影像的外方位元素，一直是摄影测量工作者所探讨的问题。可采取的方法有：利用雷达、全球定位系统（GPS）、惯性导航系统（INS）以及星相摄影机来获取影像的外方位元素。

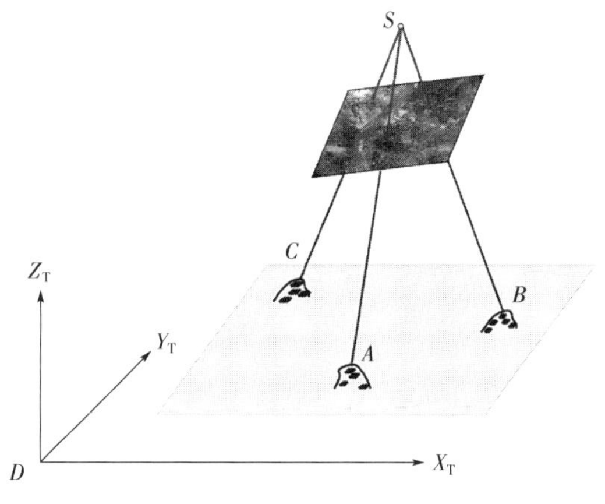

图 4-21 单像空间后方交会

摄影测量空间后方交会就是利用至少三个已知地面控制点的坐标 A、B、C（X，Y，Z）与其影像上对应的三个像点的影像坐标 a、b、c（x，y），根据共线方程，反求该像片外方位元素（X_S，Y_S，Z_S，φ，ω，κ），这种方法称为单幅影像的空间后方交会，如图 4-21 所示。

4.3.3 立体像对空间前方交会

利用单像空间后方交会求得影像的外方位元素后，再由单幅影像上的像点坐标反求对应地面点的空间坐标，仍然无法进行求解，因为根据单个像点及其对应影像的外方位元素只能确定地面点的空间方向，而使用立体像对上的同名像点，就能得到两条同名射线在空间的方向，而这两条射线在空间中一定会相交，其相交处必定是该地面点的空间位置。

该未知点的两个共线方程中共有三个未知数，即地面坐标（X，Y，Z），由于该点在一幅影像中的像点坐标根据共线方程可列出两个方程，则立体像对上两个同名点即可列出四个方程式，对地面坐标（X，Y，Z）进行求解。

恢复立体像对摄影时的光束和建立几何模型后，利用同名光线的交会确定模型点空间位置的方法，称为立体像对的空间前方交会，如图 4-22 所示。

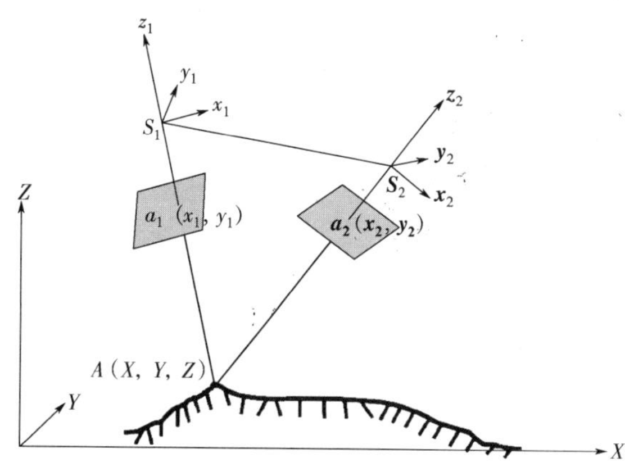

图 4-22　立体像对空间前方交会

4.4　空中三角测量

4.4.1　空中三角测量的概念

（1）概念　空中三角测量是利用航摄像片与所摄目标之间的空间几何关系，根据少量像片控制点，计算待求点的平面位置、高程和像片外方位元素的测量方法，其主要目的是为缺少野外控制点的地区测图提供绝对定向的控制点。空中三角测量为影像校正、DEM 建立和立体采集提供定向成果，其主要输出成果是像片加密点大地坐标及像片的外方位元素。

其目的和意义在于：

1）不需直接触及被量测的目标或物体，凡是在影像上可以看到的目标，不受地面通视条件限制，均可以测定其位置和几何形状。

2）可以快速地在大范围内同时进行点位测定，从而可节省大量的野外测量工作量。

3）摄影测量平差计算时，加密区域内部精度均匀，且很少受区域大小的影响。

（2）分类　空中三角测量一般分为两种：模拟空中三角测量（光学机械法空中三角测量）和解析空中三角测量（电算加密）。

1）模拟空中三角测量。模拟空中三角测量是在全能型立体测量仪器（如多倍仪）上进行的空中三角测量。它是在仪器上恢复与摄影时相似或相应的航线立体模型，根据测图需要选定加密点，并测定其高程和平面位置。

模拟空中三角测量一般只限于在一条航线内进行，其主要步骤是：把一条航线段的像片按顺序安置在测图仪的各投影器内，通过逐个像对的相对定向，建立单个立体模型，然后借助于相邻立体模型之间重叠部分的公共地物点和公共投影中心，把模型依次连接起来，构成航线网模型。最后把航线网模型作为一个整体进行绝对定向，使所建立的航线网模型同少量的外业控制点相符合。

航线网模型中所有的点经绝对定向后，即可作为单个模型测图时的控制点。航线网模型的绝对定向要求至少有 3 个外业控制点。由于各种误差的存在会引起模型的变形，所以一般在工作中要求每条航线具备 6 个作业控制点，以便在绝对定向中用图解方法进行整体模型的变形改正。

2）解析空中三角测量。解析空中三角测量是指根据像片上的像点坐标同地面点坐标的解析关系或每两条同名光线共面的解析关系，采用较严密的数学公式，按最小二乘法原理，用数字电子计算机解算待定点的平面坐标和高程。

20世纪40年代，随着电子计算机的发明和应用，解析空中三角测量首先在英国的军事测量局投入应用，20世纪60年代以来，由于电子计算机技术和计算数学的发展，解析空中三角测量取得了长足的进步，形成了一套比较完善的测算方法。

由于精度高效果好，解析空中三角测量被认为是测地定位的一种精密方法。解析空中三角测量目前常用的方法是区域网平差，区域网平差是指在由多条航线连接成的区域内进行控制点加密，并对加密点的平面坐标和高程进行的整体平差。按照构网的方法和平差单元的划分，区域网平差的基本方法有：航带法、独立模型法和光束法。

（3）精度指标　空中三角测量的精度指标主要是指定向误差和控制点残差。

1）内定向精度。框标坐标残差绝对值一般不大于0.010mm，最大不超过0.015mm。

2）相对定向精度。扫描数字化航摄影像连接点上下视差中误差为0.01mm（1/2像素），数码航摄仪获取的影像连接点上下视差中误差为1/3像素。

（4）基本作业流程　空中三角测量的作业过程主要包括准备工作、内定向、相对定向、绝对定向、区域网平差解算、质量检查与输出成果6个环节。

1）项目原始资料整理，建立项目。整理航片、POS数据、相机检校报告、控制点坐标及点之记，新建项目。

2）内定向。简单来说，就是利用相机检校报告中的一系列参数，去掉原始航片影像畸变，粗纠正变形，提高航测内业3D产品精度。

内定向精度要求：1/3～1/2像素。

3）相对定向。描述像片相对位置和姿态关系的参数，实际上是基于特征算子算法进行数码影像匹配同名点，确定影像间的相互位置关系。

通过在相邻两张影像上量取至少三对同名点的像点坐标，可以解算出两相邻像片的相对位置关系。当然，量取的同名点越多，平差后的结果越稳定，模型上连接越牢固。如此连接可以确定整个航带所有影像的相对位置关系。

4）绝对定向。绝对定向是利用共线条件方程和已知地面点坐标（控制点）求解像片的6个外方位元素。实质上是将整个测区纳入地面测量坐标系（还原出真实世界），并规划到测图比例尺。

通过相对定向量取同名点，可以确定影像间的相对位置关系。量取的同名点越多，相对定向结果越可靠，这样绝对定向时平差后的结果也越稳定。相对定向的结果影响绝对定向的结果。另外像控点（Ground Control Point，简称GCP）个数越多，分布越均匀，平差解算的结果也将越稳定。

5）区域网平差解算。设置必要参数和控制条件，反复进行平差解算，剔除粗差修改误差，直到满足精度要求。

6）质量检查与输出成果。空中三角测量（简称空三）成果检查主要包括外业控制点和检查点成果使用正确性检查、航摄仪检定参数和航摄参数检查、各项平差计算的精度检查和提交成果的完整性检查，最终输出空中三角测量加密成果，完成解算。

4.4.2 解析空中三角测量的方法

解析空中三角测量是指用摄影测量解析法确定区域内所有影像的外方位元素及待定点的地面坐标。按平差范围可分为单模型法、单航带法和区域网法。

单模型法和单航带法都是区域网法空三加密的特例。单模型法是指平差区域仅为一个立体像对，即通过模型内的六个标准点位进行同名点配对建立定向模型，四个角点采用平高控制点，两个像主点处可采用高程控制点。单航带法是指平差区域仅为一条航带，用连续相对定向方法建立单航带定向模型。区域网法是以几条航带作为加密区域，它是在单航带法的基础上发展出来的一种多航带区域摄影测量加密控制点的方法，区域网法按所取用的平差单元可分为航带法、独立模型法和光束法。

（1）航带法　航带法产生于计算机问世之初，是一种分步的近似平差方法。首先通过单个像对的相对定向和模型连接建立自由航带，然后在进行每条航带多项式非线性改正时，顾及航带间公共点和区域内的控制点，使之得到最近的符合，如图 4-23 所示。

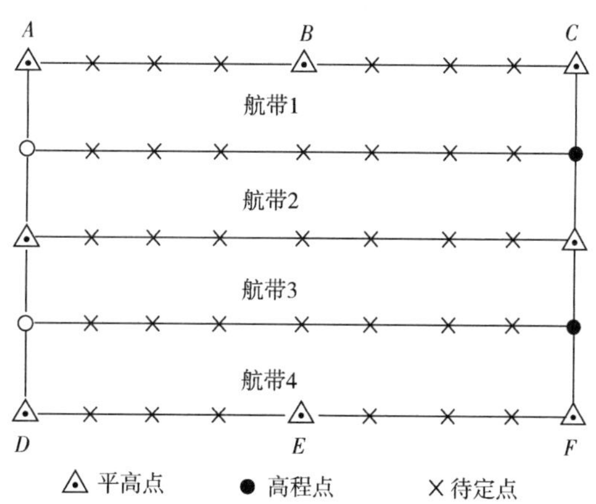

图 4-23　航带法区域网空中三角测量

航带法区域网平差的数学模型是航带坐标的非线性改正公式，平差“观测值”是自由航带中各点的摄影测量坐标，平差单元为航带。整体平差未知数是各航带的多项式改正系数。显然航带法的特点是未知数少，解算方便快捷，但精度不高，所谓的观测值并不是真正的原始观测值，彼此并不独立，因此它不是严密的平差方法。目前航带法主要用于为严密平差提供初始值和小比例尺低精度点位加密。

（2）独立模型法　独立模型法源于单元模型空间的相似变换。影像坐标经过相对定向求出独立模型坐标，通过各单元模型在空间的平移、旋转和缩放，使得模型公共点有尽可能相同的坐标，并通过地面控制点，使整个空中三角测量网纳入到规定的坐标系中，如图 4-24 所示。

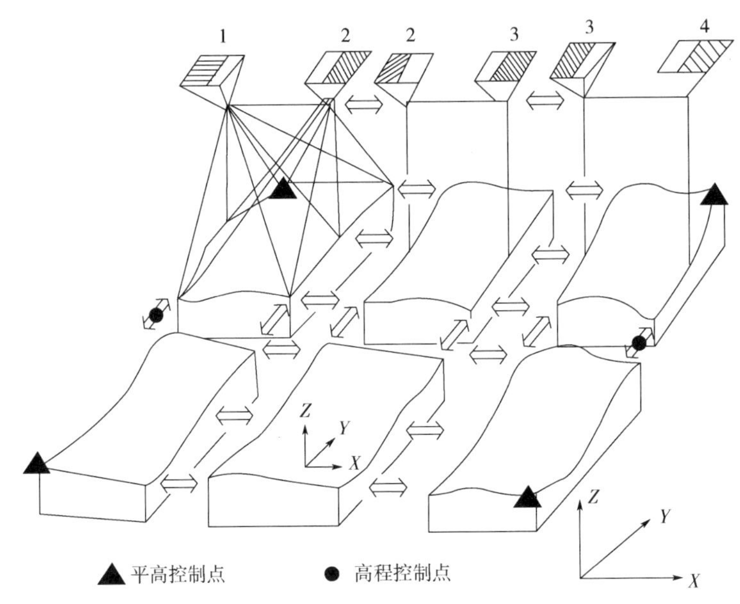

图 4-24　独立模型法区域网空中三角测量

独立模型法的数学模型是单元模型的空间相似变换公式，观测值是计算的模型坐标，平差单元为独立模型，未知数是各模型空间变换的 7 个参数，也可按平面 4 个、高程 3 个参数分开求解，此外未知数还有加密点的地面坐标。这种方法是一种相当严密的平差方法，如能顾及模型坐标间的相关特性，独立模型法在理论上与光束法同样严密。

（3）光束法　光束法是从实现摄影过程的几何反转出发，基于摄影成像时像点、物点和摄影中心三点共线的特点而提出的。这种方法最初提出时，由于受当时计算机水平和计算技术的限制，未能得到广泛应用，但随着摄影测量技术的发展和计算机水平的提高，光束法区域网平差得到广泛应用，并已成为解析空中三角测量的主流算法，并且是最严密的一种解法。误差方程式直接根据原始观测值列出，能最方便地顾及影像系统误差的影响，最便于引入非摄影测量附加观测值，如导航数据和地面量测数据，还可以严密地处理非常规摄影以及非量测相机的影像数据，目前光束法已广泛应用于各种高精度解析空中三角测量之中。

光束法区域网空中三角测量是以一张像片组成的一束光线作为平差的基本单元，以中心投影的共线方程作为平差的基础方程，通过各光线束在空间的旋转和平移，使模型之间的公共点的光线实现最佳交会，并使整个区域最好地纳入到已知的控制点坐标系统中去，以相邻像片公共交会点坐标相等、控制点的内业坐标与已知的外业坐标相等为条件，列出控制点和加密点的误差方程式，进行全区域的统一平差计算，求解出每张像片的外方位元素和加密点的地面坐标，如图 4-25 所示。

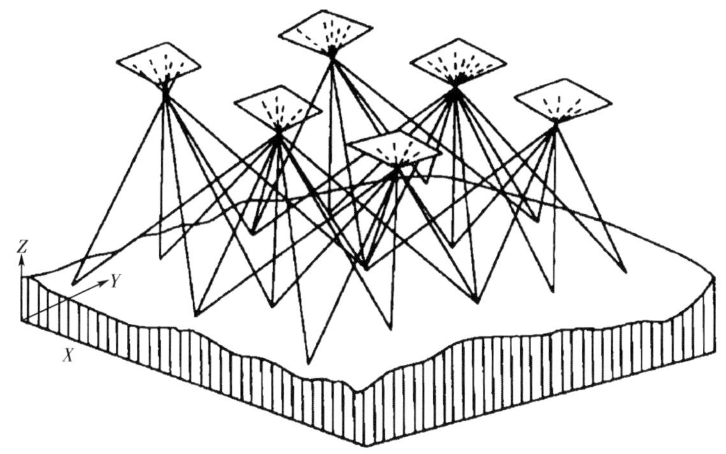

图 4-25　光束法区域网空中三角测量

对于目前全自动处理的空三软件，一般是利用影像自动匹配出航向和旁向的像点，将全区域中各航带网纳入到比例尺统一的坐标系统中，拼成一个松散的区域网，确认每张像片的外方位元素和地面点坐标的概略位置，然后根据外业控制点，逐点建立误差方程式和改化法方程式，求解出每张像片的外方位元素和加密点的地面坐标。

在获得每张像片的外方位元素和加密点地面坐标的近似值后，就可以用共线条件方程式，列出每张像片上控制点和加密点的误差方程式。对每个像点可列出下列两条关系式，即：

$$\left.\begin{aligned} x &= -f\frac{a_1(X-X_S)+b_1(Y-Y_S)+c_1(Z-Z_S)}{a_3(X-X_S)+b_3(Y-Y_S)+c_3(Z-Z_S)} \\ y &= -f\frac{a_2(X-X_S)+b_2(Y-Y_S)+c_2(Z-Z_S)}{a_3(X-X_S)+b_3(Y-Y_S)+c_3(Z-Z_S)} \end{aligned}\right\} \tag{4-8}$$

写成矩阵形式为：

$$\begin{bmatrix} v_x \\ v_y \end{bmatrix} = \begin{bmatrix} a_{11} & a_{12} & a_{13} & a_{13} & a_{15} & a_{16} \\ a_{21} & a_{22} & a_{23} & a_{23} & a_{25} & a_{26} \end{bmatrix} \begin{bmatrix} \Delta X_S \\ \Delta Y_S \\ \Delta Z_S \\ \Delta\varphi \\ \Delta\omega \\ \Delta k \end{bmatrix} + \begin{bmatrix} -a_{11} & -a_{12} & -a_{13} \\ -a_{21} & -a_{22} & -a_{23} \end{bmatrix} \begin{bmatrix} \Delta X \\ \Delta Y \\ \Delta Z \end{bmatrix} - \begin{bmatrix} l_x \\ l_y \end{bmatrix} \tag{4-9}$$

写成一般形式为：

$$V = \begin{bmatrix} A & B \end{bmatrix} \begin{bmatrix} X \\ t \end{bmatrix} - L \tag{4-10}$$

式中 $V = \begin{bmatrix} v_x & v_y \end{bmatrix}^T$

$$A = \begin{bmatrix} a_{11} & a_{12} & a_{13} & a_{13} & a_{15} & a_{16} \\ a_{21} & a_{22} & a_{23} & a_{23} & a_{25} & a_{26} \end{bmatrix}$$

$$B = \begin{bmatrix} -a_{11} & -a_{12} & -a_{13} \\ -a_{21} & -a_{22} & -a_{23} \end{bmatrix}$$

$$X = \begin{bmatrix} \Delta X_S \Delta Y_S \Delta Z_S \Delta\varphi \Delta\omega \Delta k \end{bmatrix}^T$$

$$t = \begin{bmatrix} \Delta X \\ \Delta Y \\ \Delta Z \end{bmatrix}$$

$$L = \begin{bmatrix} l_x \\ l_y \end{bmatrix}$$

对于外业控制点，如果不考虑它的误差，则控制点的坐标改正数 $dX = dY = dZ = 0$。当像点坐标为等权观测时，误差方程式对应的法方程式为：

$$\begin{bmatrix} A^T A & A^T B \\ B^T A & B^T B \end{bmatrix} \begin{bmatrix} X \\ t \end{bmatrix} - \begin{bmatrix} A^T L \\ B^T L \end{bmatrix} = 0 \tag{4-11}$$

式（4-11）含有像片外方位元素改正数 X 和待定点地面坐标改正数 t 两类未知数。对于一个区域来说，通常会有几条、十几条甚至几十条航带，像片数将有几十、几百甚至几千张。每张像片有 6 个未知数，一个待定点有 3 个未知数。

如若全区有 N 条航带，每个航带有 n 张像片，全区有 m 个待定点，则该区域的未知数为 $6nN + 3m$ 个。由此组成的法方程将十分庞大，为了计算方便，通常消去一类未知数，保留另一类未知数，形成改化法方程式。把式（4-11）中的系数矩阵和常数项用新的符号代替，写成：

$$\begin{bmatrix} N_{11} & N_{12} \\ N_{21} & N_{22} \end{bmatrix} \begin{bmatrix} X \\ t \end{bmatrix} - \begin{bmatrix} L_1 \\ L_2 \end{bmatrix} = 0 \tag{4-12}$$

用消元法消去待定点地面坐标改正数得改化法方程式，即：

$$[N_{11} - N_{12} N_{22}^{-1} N_{12}^T] X = L_1 - N_2 N_{22}^{-1} L_2 \tag{4-13}$$

式（4-13）的改化法方程式的系数矩阵是大规模的带状矩阵，为了计算方便，通常采用循环分块解法，求解未知数。

求得每张像片的外方位元素后，可利用双像空间前方交会或多像空间前方交会法解求全部加密点的地面坐标。

多像空间前方交会是根据共线方程，由待定点在不同像片上的所有像点列误差方程式进行解算。

由于每张像片的外方位元素已经求得，就可列出每个待定点的前方交会误差方程式，即：

$$\begin{cases} v_x = -a_{11}\mathrm{d}X - a_{12}\mathrm{d}Y - a_{13}\mathrm{d}Z - l_x \\ v_y = -a_{21}\mathrm{d}X - a_{22}\mathrm{d}Y - a_{23}\mathrm{d}Z - l_y \end{cases} \tag{4-14}$$

如果某待定点在 n 张像片上都有构像，则可列出 $2n$ 条误差方程式，解出该点的地面坐标改正数，再加上其近似值就得到待定点的地面坐标。

4.4.3 GPS/INS 辅助空中三角测量

随着现代科技的不断发展，在航天、航空等多个领域中，20 世纪 70 年代出现了组合系统辅助摄影测量技术。伴随全球定位系统与惯性导航系统的组合系统被应用于军事工业中，获取航摄仪曝光时航测站的空间坐标成为可能。该组合系统相互匹配组合，结合二者的优缺点，使用 Kalman 滤波器来提高最终获取数据的精度、稳定性等。

（1）全球卫星定位系统　20 世纪 70 年代，美国研究发明了由卫星、地面控制及用户设备三个部分组成的卫星导航与定位系统，即全球定位系统 GPS，它是以卫星作为基础的无线电导航系统，可以为载体提供位置、速度等定位信息。GPS 可以对目标物进行动态定位，所以 GPS 辅助空中三角测量是使用飞机上搭载的 GPS 和地面接收信号的 GPS 同步不间断地记录卫星信号，利用处理之后的相对定位的离线数据，来获取航测过程中航测站的相对三维坐标。

GPS 系统主要是由自动定向的 GPS 卫星，主控站、注入站、监测站与通信及辅助系统所组成的地面监控部分，和用户、GPS 信号接收机等设备所构成的用户三个部分组合而成。GPS 卫星主要是接收地面信号发射器所发射的导航电文，并且不间断地向用户发射测距信号及导航电文，以便能够进行导航定位。地面监控部分主要是对卫星发射信号，并监管卫星，同时对各个卫星之间伪距进行量测，以提供给用户部分。用户部分主要是对接收到的信号、伪距等数据进行处理。

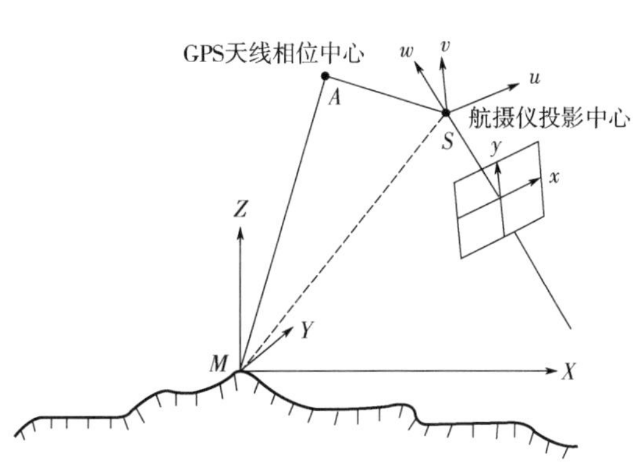

图 4-26　GPS 辅助空中三角测量原理

如图 4-26 所示，通过飞机上安装的 GPS 信号接收机和设置在地面上的一个或者多个基准站上的 GPS 信号接收机，在同一时间段对 GPS 卫星信号进行观测，并对航测仪的开启脉冲进行获取，再利用GPS载波相位测量差分定位技术获取的离线数据进行后处理，得到航测仪曝光时航测站的三维空间坐标，然后再将该坐标作为附加的观测值代入摄影测量区域网平差中，从而替代地面控制测量，最后采取统一数据模型和算法来确定点位，并对其精度进行评定。

GPS定位中的误差主要来源于卫星相关的误差，比如卫星钟的钟误差、卫星星历误差以及由于卫星钟与接收机的运动速度、重力位不相同而产生的相对钟误差，信号传输所引起的误差和接收机相关误差。

1）与卫星有关的误差。卫星星历误差，是指卫星星历所提供的卫星的位置、速度和实际的位置与速度之间的差值；相对钟误差，是指接收机钟与卫星钟所处的状态不相同，也就是其所在重力位不同，运动的速度也不相同，从而导致两台钟之间存在着相对误差；卫星钟的钟误差，虽然卫星上配置的是高精度的原子钟，但是依旧存在着各种误差，比如说钟差、频漂、钟速等偏差，也存在着随机误差。

2）信号传输相关误差。电离层延迟，该大气层存在着自由电子，它会影响卫星信号的传播速度、路径等，从而导致传播时间的延长；对流层延迟，对流层集中了整个大气层的绝大部分质量，导致信号传播速度减慢，传播路径弯曲；多路径效应，是指由于信号传输中会被多个物体表面反射才到达信号接收机，和直接从卫星发射的信号叠加干扰，导致测量值产生系统误差。

3）接收机相关误差。接收机钟的钟误差，与卫星钟误差来源一样，取决于接收机钟的质量、使用环境等因素；还有接收机的位置误差和接收机的测量噪声。

（2）惯性导航系统　20世纪初，人们依据牛顿提出的相对惯性空间的力学惯性定律发明设计了一种自主的导航系统，也就是惯性导航系统。

惯性导航系统通过使用惯性元件，例如加速度计、陀螺仪等来对航测仪的运动加速度进行测定，后期解算出航测仪的姿态和位置等信息。惯性导航系统根据其工作原理、安装方式等因素可以分成多种形式，因此根据生产的不同要求与规定，需要选择搭载不同种类的惯性导航系统，无论是哪种惯性导航系统，它的主要构成部件均是加速度计和陀螺仪。

惯性导航系统测量原理是通过姿态测量单元（IMU）使用陀螺仪确定传感器的角运动从而求解出的相对于参考坐标系的姿态将加速度计量测的作用力分解在参考坐标系，再进行积分从而获取传感器的位置和速度的估测值。

（3）GPS/INS组合系统　GPS和INS组合系统当前被广泛应用于辅助航空摄影测量，该技术已得到完善的发展，其精度逐渐提高，设备的稳定性也在不断提高。

全球定位系统GPS可以为载体提供位置、速度等定位信息，但它容易受外界因素如气候、环境等影响，常常无法跟踪捕获卫星载波信号，从而导致全球定位系统的故障而无法工作。惯性导航系统INS是完全自主的导航系统，而非第三方系统，其隐蔽性能、抗辐射能力强，具有全天候等优点，可以提供载体姿态信息等多种数据的机载设备，不易受到电磁波等外部因素影响。但其定位精度受到惯性器件误差随时间积累的影响，逐渐降低，所以惯性导INS系统无法长时间连续工作。二者的优劣可以互补，所以二者组合系统具有较大优势。GPS/INS组合系统既可以弥补INS因系统长时间工作积累的误差，也可以在GPS失锁时单独使用惯导系统提供定位信息。

1）GPS/INS组合系统使系统的抗干扰能力加强。在GPS/INS组合系统中，GPS和INS既是一个系统，也是两个可以独立工作的系统，因此在GPS信号被干扰时，INS可以继续工作，从而提供导航信息，而GPS在工作过程中也可以不断地对INS进行初始对准。

2）GPS/INS组合系统使系统的跟踪能力提高。INS可以不断地输出导航信息，从而反映出载体的各种动态信息，刚好辅助GPS在信号失锁时的跟踪回路，从而减小载体运动时因无法跟踪所引起的误差。

3）GPS/INS组合系统不再需要高配置的惯性导航系统。在组合系统中，INS主要是用在GPS出现信号失锁等问题时，GPS则是对待测物进行高精度定位，因此可以选择性能较低的INS，以节约GPS/INS组合系统的成本，从而使作业成本得到降低。

4）GPS/INS组合系统使精度得到提高。GPS/INS组合系统最大的优势在于提高了系统的精度，利用GPS对INS进行不断的修正，从而降低INS在工作过程中随时间推移而积累的误差，反过来INS又可解决GPS失锁时所产生的精度降低等问题。二者优劣势相辅互补，从而减小工作时系统产生的误差，进而使精度得到提高。

（4）GPS/INS辅助空中三角测量的方法　随着GPS辅助空中三角测量技术的不断成熟，人们开始把GPS/INS组合系统投入到实际的作业生产当中，该系统可以对航测中的传感器的位置和姿态自动进行量测，从而可以尽可能少地对外业控制点进行量测，甚至达到不再需要外业控制测量就可以对目标物进行定位。

GPS/INS辅助空中三角测量是指基于GPS/INS组合系统，对每张像片的外方位元素进行获取，在摄影测量区域网平差中作为带权观测值参与，从而获取更高精度的像片外方位元素成果。在空中三角测量的解算过程中，所有需要校正的参数都可以求解出来，因此不需要在航测前对系统进行校正。和GPS/INS直接定向法相比，其量测结果精度更高，且具有可靠性。

GPS/INS辅助空中三角测量是将差分GPS和惯性测量单元IMU所获取的数据直接在区域网中参照地面控制点进行联合平差，从而获取高精度的内、外方位元素，以便更精确地进行像片定向。

GPS/INS辅助空中三角测量只是GPS/INS辅助航空摄影测量的过渡期，最终会回到GPS/INS无须空中三角测量，实现GPS/INS直接定向，只使用GPS/INS组合系统中的高精度差分GPS（DGPS）与INS或惯性测量单元（IMU），在航空摄影的同一时间，获得

DGPS 数据及其姿态，经过后期处理，即 GPS 为了实时获得摄影过程中航测仪的位置坐标及姿态需要差分处理和对姿态测量数据进行处理，然后进行系统误差的校正获得每张像片的高精度的外方位元素，最后利用获取的外方位元素直接进行测图，无须再使用外业量测的地面控制点。但是直接定向法有较大的局限性，它的精度无法达到大比例尺航测图的要求。

4.5　立体影像匹配

4.5.1　立体像对的基础知识

（1）双目立体视觉　双目立体视觉是机器视觉的一种重要形式，它是基于视差原理并利用成像设备从不同的位置获取被测物体的两幅图像，通过计算图像对应点间的位置偏差，来获取物体三维几何信息的方法。融合两只眼睛获得的图像并观察它们之间的差别，使我们可以获得明显的深度感，建立特征间的对应关系，将同一空间物理点在不同图像中的映像点对应起来，这个差别称作视差图像。

立体视觉系统由左右两部摄像机组成，如图 4-27 所示，图中分别以下标 l 和 r 标注左、右摄像机的相应参数。世界空间中一点 P（x，y，z）在左、右摄像机的成像面上的像点分别为 P_l（x_l，y_l）和 P_r（x_r，y_r）。这两个像点是世界空间中同一个对象点 P 的像，称为“共轭点”。知道了这两个共轭像点，分别作它们与各自相机的光心 O_l 和 O_r 的连线，它们的交点即为世界空间中的对象点 P（x，y，z）。这就是立体视觉的基本原理。

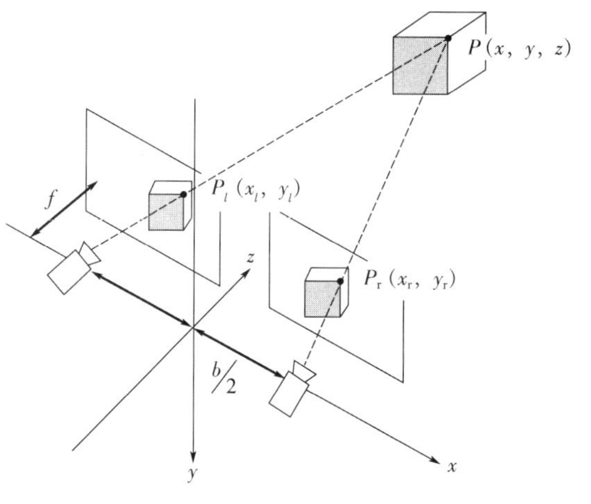

图 4-27　双目视觉原理图

（2）立体像对的相对定向和绝对定向

1）相对定向。相对定向元素包括五个，用于确定两张像片相对位置，对五个相对定向元素的解算过程称为相对定向。相对定向时涉及多幅影像像对情况，因此除求解单独像对相对定向元素外，还包括连续像对相对定向元素的求解。相对定向实现同名射线对对相交，才能够建立地面立体模型，完成立体像对相对定向即实现同名射线对对相交。

$$\overrightarrow{S_1S_2}(\overrightarrow{S_1A_1}\times\overrightarrow{S_2A_2})=0 \tag{4-15}$$

式中，S_1 和 S_2 为左、右像片投影中心，A_1 和 A_2 为地物点在左、右像片上对应像点。

其空间关系如图 4-28 所示。但是该地面立体模型还缺少大小和空间位置信息，相对定向只是确定了两个影像的相对位置，不能确定两个影像绝对位置，因此还需要进行绝对定向。

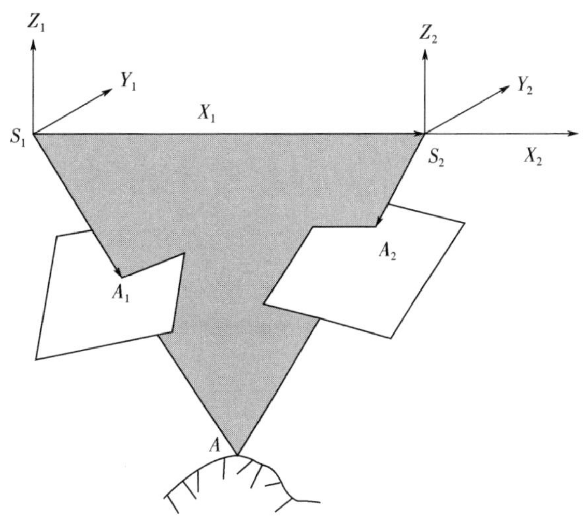

图 4-28　相对定向原理示意图

2）绝对定向。如上文所述，相对定向元素确定可以获取到地面立体模型，但是此模型同真实地形地貌还有大小和空间位置的区别。用以确定真实地面立体模型大小和空间的要素称为外定向元素，外定向元素共七个，绝对定向即是解算这七个绝对定向元素的过程。通过七个绝对定向元素对模型进行缩放、旋转和平移，将像空间辅助坐标系地物点坐标转换到地面摄影测量坐标系中，如图 4-29 所示。

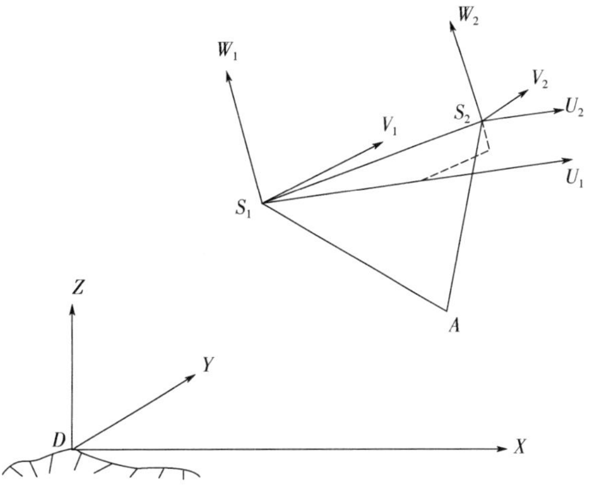

图 4-29　绝对定向原理示意图

上文中提到像空间辅助坐标系转换为地面摄影测量坐标系是缩放、旋转和平移过程，因此该过程不改变模型几何形状，是一个相似变换过程，见式（4-16）。在具体实现过程中，七个绝对定向元素解算依据为野外测量控制点。

$$\begin{bmatrix} X \\ Y \\ Z \end{bmatrix} = \lambda R \begin{bmatrix} U \\ V \\ W \end{bmatrix} + \begin{bmatrix} X_S \\ Y_S \\ Z_S \end{bmatrix} \tag{4-16}$$

式中　U、V、W——模型点在像空间辅助坐标系中的坐标；

X、Y、Z——模型点在地面参考坐标系中的坐标；

X_S、Y_S、Z_S——模型平移量；

λ——模型缩放比例因子；

R——旋转矩阵，由轴系的三个转角 Φ、Ω、K 组成。

式（4-19）中共有七个未知数：X_S、Y_S、Z_S、λ、Ω、Φ 和 K。这七个未知数称为七个绝对定向元素。

4.5.2 立体影像匹配

在低空摄影测量数据处理中，影像匹配是最为关键的步骤。影像匹配是指在两幅或多幅具有重叠度的影像中通过特定的算法提取影像间同名点的过程，匹配质量与效率直接影响到后续数据处理成功与否，以及关系到测绘产品的生成质量。

（1）基于灰度的匹配方法　基于灰度的影像匹配算法起步较早，是图像匹配中常用的方法。该算法根据两幅影像之间的重叠区域的灰度相似性程度来确定匹配点，目前发展较为成熟。

具体而言，该算法是比较参考影像待匹配点邻近区域灰度与目标影像搜索区像素邻近灰度的相似性来确定两幅影像的同名点，如图 4-30 所示。基于灰度的影像匹配方法包括协方差函数法、离差平方和法、相关系数法、最小二乘法、去均值归一化相关算法、序列相似性检测算法、归一化灰度组合算法、网格匹配法、块匹配法和比值匹配法等。

a）

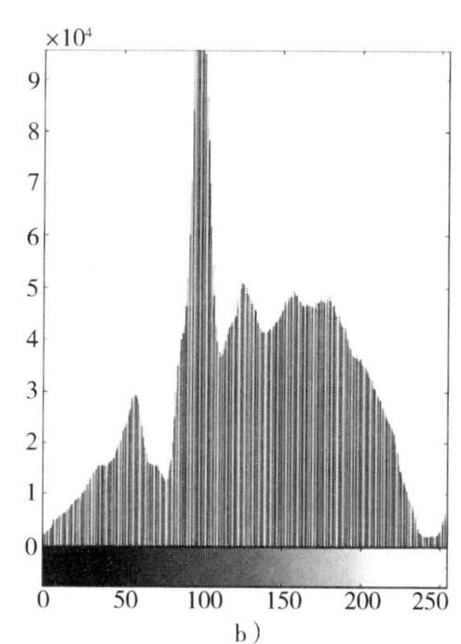

b）

图 4-30　灰度直方图

然而基于灰度的匹配算法过于依赖点像素的信息，对于噪声、灰度与尺度等变化较为敏感，且匹配效率不高，仅适合于匹配简单的刚体或仿射变换的场景。基于灰度的影像匹配方法虽然算法简单，但对光照变化敏感，对于影像旋转和尺度变化适应性差，且存在运算量较大等缺陷，难以满足低空影像匹配的需要。

（2）基于特征的匹配方法　基于特征的匹配方法是通过比较重叠影像上特征的相似程度来确定同名点，如图 4-31 所示。特征基元包括点、线、面等显著特征，相比像素点数量大为减少，提取的特征具有较强的抗噪性，且对影像间灰度变化、局部形变和遮挡也有较强的稳健性，因而，低空摄影测量影像匹配广泛采用基于特征的匹配方法。

图 4-31　特征匹配

该方法主要包括 3 个过程，即特征提取、特征描述、特征匹配。

1）点特征提取。点特征是指影像中灰度信号在二维方向上有着明显变化的点，是影像中最基本的特征。点特征的概念在 1980 年提出，Moravec 角点提取算子利用差平方和函数计算局部窗口内 8 个方向的相似性，根据局部最大值来确定角点。然而 Moravec 算子易受噪声的影响，后续提出了 Harris 角点提取算法，从数学的角度上定义点特征，该方法以 Hessain 矩阵及其特征值作为依据来判断特征点，具有计算简便，检测到的角点旋转不变等特点。

2）线特征提取。在线特征检测中，较为经典的算子是 Sobel 算子和 Canny 算子。Sobel 算子是基于 Hessain 矩阵在尺度空间中通过该矩阵的两个特征值来判别边缘，检测效率较低。为此，Canny 算子提出利用基于搜索（影像的一阶导数）和基于零交叉（影像二阶导数）的特征检测算法来提高线特征检测效率。除了这两种经典的线提取算法之外，也有利用特征点算子来检测特征线的方法，如利用 SUSAN 算子来检测边缘点。

3）面特征提取。面特征与点、线特征有所不同，面特征的范围较大，特征较为稳定并具有抗噪能力强等特点，在影像中主要表现为灰度大致相同或变化较为平缓的区域。基于面特征的提取较为典型的算法包括 MSER 算法、PCBR 检测算子。其中 MSER 算法移植了分水岭的思想，该算法提取极值区域即面特征为某个阈值图像的连通分量，并通过该极值区域的旋转与尺寸归一化来实现仿射不变性。PCBR 检测算子是一种基于线条和曲率的算法，在尺度空间中构建最大主曲率图像，并利用分水岭分割方法来寻找在尺度变化情况下，位置和面积不变或变化较小的区域。

4）特征描述符。在影像中提取特征后，为评判不同影像特征间的相似性，需要利用数值向量对特征区域的局部特征进行编码，该数值向量通常称为特征描述符。其中较为常用的是基于分布的描述符，通过不同的统计直方图形式来表示局部域的特征，与基于导数和过滤器的描述符等其他类型描述符相比在性能上具有一定的优势。基于分布的描述符通常可分为基于渐变、像素强度顺序、相位一致、自相似、整合及二进制描述符。

作为当下较为流行的基于分布的描述符的 SIFT 算法，SIFT（Scale-invariant feature transform）算法自 1999 年由 David Lowe 提出以后被广泛地应用于图像识别、图像检索、3D 重建等各种领域，在一定程度上解决了匹配特征中的图像旋转、仿射变换、强度和视点变化。

SIFT 算法有 4 个基本步骤。首先是使用高斯差（DoG）估计尺度空间极值，之后进行关键点定位，通过消除低对比度点对关键点候选进行定位和细化。然后基于局部图像梯度的关键点方向分配，进行特征描述，即根据图像梯度大小和方向计算每个关键点的局部图像描述符。

最后一步进行特征匹配，SIFT 算法中特征相似性测度的匹配选用的是描述矢量之间的欧式距离，相对应的两幅特征点（a，b）的欧式距离 U_{ab} 为：

$$U_{ab} = \sqrt{\sum_{i=1}^{d} [\mathrm{des}_a(i) - \mathrm{des}_b(i)]^2} \tag{4-17}$$

式中，$\mathrm{des}_a(i)$、$\mathrm{des}_b(i)$ 分别为两个特征点描述符的分量；d 为矢量的长度。

用最近邻和次近邻距离之比来确定是否匹配点，当比值小于阈值 T 时，判定（a，b）为正确匹配点对。通常情况下 T 的取值一般在 0.6～0.8。匹配后使用 RANSAC（Random Sample Consensus）也就是通过几何约束估计的方法来消除错配，但该方法需要使用所有匹配点进行迭代训练，精度受错配影响较大。

习题与思考题

1. 像方空间坐标系有哪三个？分别是如何定义的？

2. 用某地空小型无人机进行航拍，摄影比例尺是 1:2000，相对航高是 100m，那么其摄影焦距 f 是多少？

3. 简述空间前方交会、共面条件方程的原理。

第 5 章　倾斜摄影任务执行规划

无人机倾斜摄影航飞工作标志着项目进入实施阶段，通过航飞所采集外业数据成果质量的好坏，直接决定着内业数据处理的效率及三维模型成果数据的精度，所以如何通过设计合理的无人机倾斜摄影航飞实施方案来提高项目成果质量是一个很关键的问题。其中，像控点的布设及测量方式决定了模型成果的绝对坐标精度，而外业飞行设计方案决定了影像的质量。

无人机倾斜摄影项目立项后，首先应当尽可能、全方面地收集项目相关资料，了解项目背景和业主基本要求，并确立初步的技术方案。根据方案明确作业空域和使用的飞行载体，展开空域使用申请工作，这是倾斜摄影数据获取工作必不可少的前提条件，具体工作流程如图 5-1 所示，本章主要就外业工作流程进行介绍。

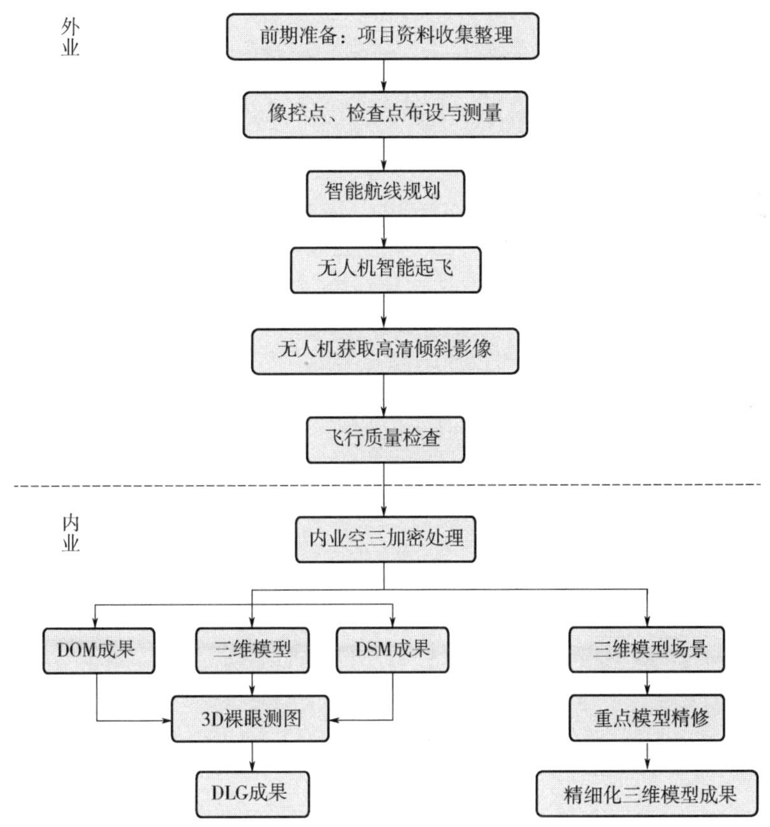

图 5-1　无人机倾斜摄影工作流程

总的来说，无人机倾斜摄影外业工作主要分为以下三部分：

1. 批文及方案准备

主要包括：收集项目资料，掌握项目具体情况，完成空域申请和技术方案制订工作。

2. 航空摄影的组织和实施

主要包括：像控点布设及测量、外业飞行作业计划的组织与实施。

3. 数据整理及检验

主要包括：飞行数据整理及检查、航空影像数据分类和质量检查工作。

针对航空摄影部分，本书所确定的基本思路是先在作业区域内布设像控点，然后利用RTK测量出像控点和具有代表性的检查点坐标，设计符合项目技术要求的外业飞行方案，利用通过该方案获取的影像数据制作三维模型，并在三维模型上采集成果数据，通过成果数据与检查点的实测数据对比来验证成果精度。

5.1 如何安全飞行

5.1.1 飞行安全

不论是多旋翼无人机还是其他类型无人机，本身都是在高速旋转的螺旋桨支持下才能进行飞行；无论螺旋桨是什么材质，在高速的前提下都会产生不可估量的破坏力，很容易对人体造成伤害。

飞行安全要时刻牢记于心，不要一时贪心，造成对人员的伤害，要牢记：

1）不在人员密集区域飞行。

2）不在人员上方进行飞行。

3）禁止用手接触飞行中的无人机。

4）飞行器发生故障时，切不可靠近高速旋转的螺旋桨。

5）禁止改装无人机。

6）按照国家相关法规合法进行操作。

5.1.2 飞行环境要求

1）恶劣天气下请勿飞行，如大风（风速五级及以上）、下雪、下雨、有雾天气等。

2）选择开阔、周围无高大建筑物的场所作为飞行场地。大量使用钢筋的建筑物会影响指南针工作，而且会遮挡GNSS信号，导致飞行器定位效果变差甚至无法定位。

3）工作人员需对任务区域周围实地踏勘，采集地形地貌、地表植被以及周边的机场、重要设施、城镇布局、道路交通、人口密度等信息，为起降场地的选取、航线规划、应急预案制订等提供资料。

4）飞行时，请将无人机保持在视线内，远离障碍物、人群、水面等。

5）请勿在有高压线、通信基站或发射塔等区域飞行，以免遥控器受到干扰。

6）避免将航线的起止点规划在大面积湖泊、海洋等水面区域上空。

7）在海拔 6000m 以上飞行，由于环境因素导致飞行器电池及动力系统性能下降，飞行性能将会受到影响，此时需谨慎飞行。

5.2 作业前准备

5.2.1 禁飞区查询

在大疆官网或在 DJI GO/DJI GO4 APP 中查询禁飞区。常见的禁飞区如图 5-2 所示，如发现航空摄影任务区域内有限飞或禁飞区需提前做好解禁工作。

图 5-2 无人机禁飞区

5.2.2 网络 RTK 信息覆盖范围查询

以大疆系列无人机为例，可在 GS RTK APP 中查询任务区域网络 RTK 覆盖情况。

5.2.3 设备固件更新检查

出发前对无人机设备固件进行更新，避免执行任务期间，由于更新固件而浪费拍摄时间。注意无人机电池要逐块进行升级。

5.2.4 缓存任务区域地图

打开 GS RTK APP 对任务区域地图进行缓存，避免由于任务区域没有网络对航线规划及飞行安全造成不必要的影响。

5.2.5 提前规划任务区域

通过 GS RTK APP 或利用谷歌地球制作测区 KML 文件，提前规划任务航线，节省现场任务规划时间。

5.2.6 任务区域分割

建议对较大任务区域进行区域分割，如图 5-3 所示，航高 100m 速度 7m/s 的任务，可按 1km×0.5km 进行分割；航高 150m 速度 11m/s 任务，可按 1km×1km 进行分割；航高 200m 速度 13m/s 任务，可按 1km×1.5km 进行分割；设置起飞点时可设置在分割区域中间，这样会保证信号传输的稳定性。

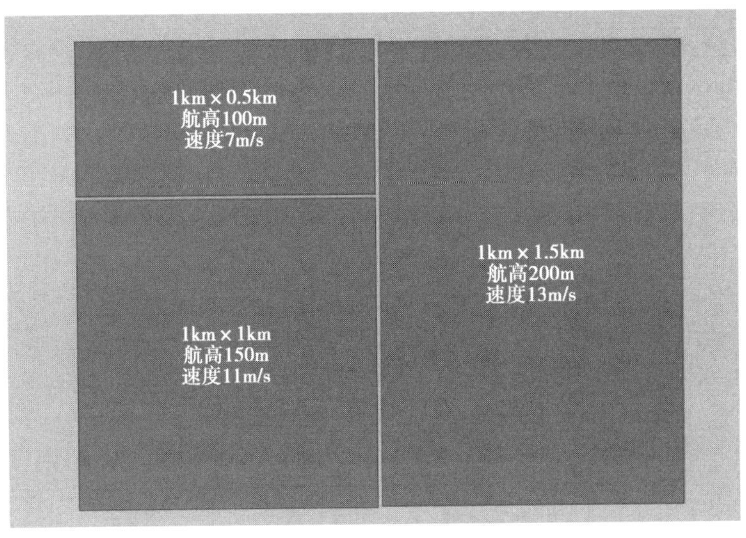

图 5-3 任务区域分割

5.2.7 增强无人机与遥控器的信号强度

距离、物理障碍（大型建筑物、山丘、树木）和电磁干扰（如电源线、钢筋混凝土或大型金属物体）是无人机与遥控信号断开的最常见原因。为了避免这种情况，建议尽可能在任务区域内起飞并在任务区域高点起飞，有利位置可以增加信号的传播距离；

根据无人机位置调整天线朝向，保持天线始终朝向无人机；避免干扰源，航线远离高压线信号塔等，同一区域尽量避免超过5架无人机共同运行的情况；避免将无人机飞出视线，如果飞行任务必须将无人机飞出视线，请务必随时观察飞机的飞行参数，掌握飞机机头朝向。

5.3 技术设计方案

5.3.1 项目概况

1）明确测区的自然地理概况：地形、气候、空域等基本情况。

2）明确项目整体概况、作业内容及KML范围。

3）已有资料分析。

4）困难等级：从气候条件、空域条件、地形地貌条件等进行综合分析。

5.3.2 项目的基本要求和技术依据

1）明确项目的基本要求：项目的实施内容严格依据业主方提供的技术要求进行设计、组织。内容包括：航空摄影、像控测量、DOM生产、倾斜摄影模型生产，并最终提交符合规范和技术要求的数据成果。

2）明确工期要求：前期方案、手续完成日期要求；航摄开工、完工日期要求，数据成果提交日期要求。

3）明确技术方案的数学基础：坐标系统、高程基准。

4）明确成果格式要求：原始航拍影像格式、pos数据文件、像控点、倾斜三维模型分辨率、平面精度、成果格式等。

5）明确方案设计中的引用标准及作业依据，具体文件参考如下：

《数字航空摄影测量空中三角测量规范》（GB/T 23236—2009）

《低空数字航空摄影规范》（CH/T 3005—2021）

《数字航空摄影测量控制测量规范》（CH/T 3006—2011）

《全球定位系统实时动态测量（RTK）技术规范》（CH/T 2009—2010）

《IMU/GPS辅助航空摄影技术规范》（GB/T 27919—2011）

《1:500　1:1000　1:2000地形图航空摄影测量内业规范》（GB/T 7930—2008）

《1:500　1:1000　1:2000地形图航空摄影测量外业规范》（GB/T 7931—2008）

《城市三维建模技术规范》（CJJ/T 157—2010）

《三维地理信息模型数据产品规范》（CH/T 9015—2012）

《三维地理信息模型生产规范》（CH/T 9016—2012）

《三维地理信息模型数据库规范》（CH/T 9017—2012）

《数字测绘成果质量检查与验收》（GB/T 18316—2008）

《测绘技术设计规定》（CH/T 1004—2005）

5.4 设计实施方案

5.4.1 倾斜摄影方案设计

倾斜摄影系统选择主要是根据项目技术要求、测区范围和特点来进行的，主要由三部分组成，第一部分为飞行平台；第二部分为人员，即地面指挥人员，包括无人机飞手及地面工作站飞控人员；第三部分为摄影设备，即镜头平台及相机。

1. 航线规划设计

外业航线的布设尤为重要，因为要保证获取的影像满足测绘行业的要求，并且要在获取大区域图像的过程中做到尽量少的飞行次数，减少人力和物力的资源浪费。航线设计是制作高质量影像图的关键。航线需要根据测区的地形地貌来进行设计，必须为内业正射影像图的制作提供足够的重叠率，因此，无人机航线设计需要综合考虑各方面因素，以保障飞行安全和获取影像满足要求。

影响无人机航线设计的因素包括：测区的地形地貌、天气因素、飞行安全、分辨率和重叠率等。航线设计的主要参数包括：地面分辨率、飞行速度、影像重叠率、航高、云台倾斜角度和相幅大小等。

正常情况下，理想的航线设计一般具有以下几个特征：

1）测区的形状呈现规则，航向基本朝一个方向。

2）航向高度相同。

3）地面重叠率一般为：航向重叠率 75% 和旁向重叠率 50%。

4）测区内没有困难的地形地貌，如森林、雪地、水域等，因为在这些地貌覆盖下像片不能很好地进行匹配。

针对复杂地形项目的航线布设，需要注意以下几点：

1）困难地形的航线设计注意事项。遇到困难的地形地貌时，需要飞行航线有较高的重叠率，以此来保证完整地建立模型，如图 5-4 所示。

设计此类航线需要注意：①地面重叠率为：航向重叠率 80%，旁向重叠率 60%；②如果进行匹配的模型少于 95% 的完整性（例如：少于 95% 的照片进行校准和用于模型构建），这就表明重叠率是不满足要求的。

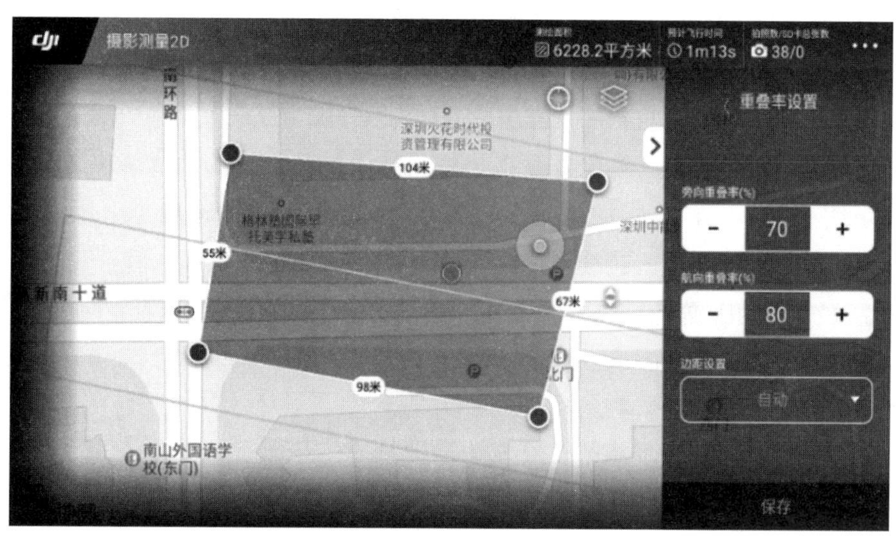

图 5-4　航线设计重叠率设置

2）带状地物航线设计的注意事项。遇到带状测区包含铁路、公路以及河流等，在航线设计时需要注意：①在为带状区设计航线时，需要设计成双轨迹航带，在条件允许的情况下，航带越多，成果越可靠，如图 5-5 所示。②设计带状地物航线时，控制点不是必需的，但有控制点还是有助于提高模型的位置精度以及完整性。③在设计带状测区的航线时，不建议设计成单轨迹的航线，这有可能导致模型的扭曲与不完整。④如果受条件所限，只能设计为单轨道航线时，控制点是必须要有的，有了控制点才有可能避免模型出现扭曲变形的情况。⑤带状测区需要高重叠率：最好设置 85% 的航向重叠率和 60% 的旁向重叠率。

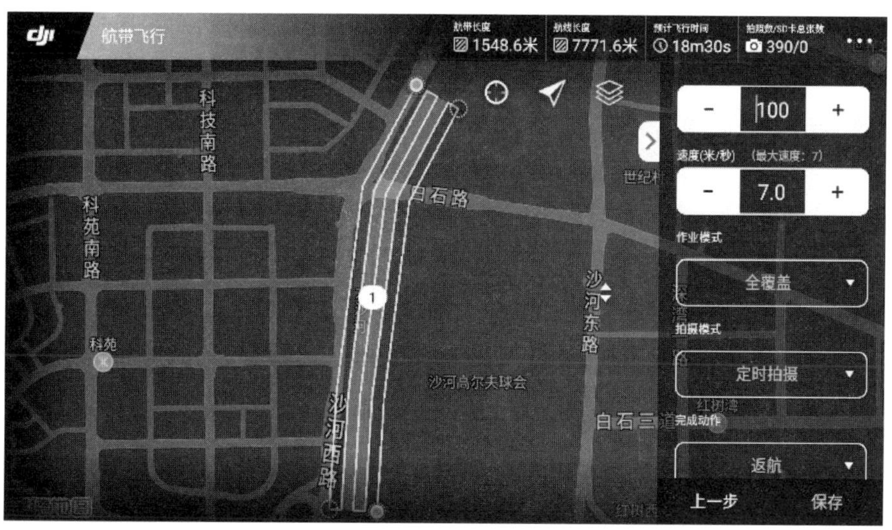

图 5-5　带状线路航线设计

3）多区域航线设计注意事项。对于多区域航线而言，在进行航线设计时需要注意：①为了构建一个好的模型，设计航线时需要两条航线间设计足够的重叠率，两条航线之间最小的重叠率取决于地形地貌条件，理想地形地貌条件下为航向重叠率75%，旁向重叠率50%；复杂地形地貌条件下为航向重叠率85%，旁向重叠率60%。②两块区域之间至少要有两条航线重合。③在多区域航线设计时应尽量减少航线内的环境变化（例如：光照、天气条件、移动的物体、新的建筑等）。

2. 航高及飞行速度确定

1）航高计算：倾斜摄影航高取决于项目地面分辨率（GSD），以及使用传感器像元的大小，根据式（5-1）计算得出，如图5-6所示。

$$\frac{a}{\mathrm{GSD}} = \frac{f}{h} \Rightarrow h = \frac{f\mathrm{GSD}}{a} \tag{5-1}$$

式中 h——相对飞行高度；

f——镜头焦距；

a——像元尺寸；

GSD——地面分辨率。

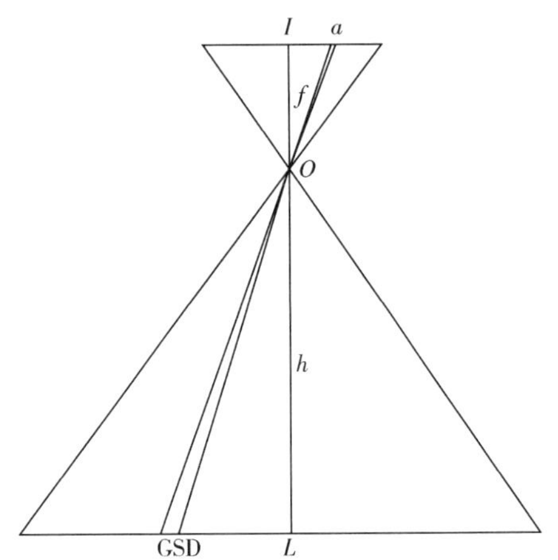

图5-6 航高与地面分辨率关系图

飞行高度越低，地面分辨率的值越小，影像清晰度越高，但同时建筑物阴影会被拉长，相同测区的情况下影像的数量会增多，不利于后期的数据处理，飞行的安全系数也会降低，应综合考虑。

2）飞行速度计算：在无人机拍摄影像的过程中并没有停止飞行，而且相机曝光也是有一定的时间间隔，在相机曝光这个时间段内，由于无人机飞行引起的影像中地物点移动的距离称为影像的像点位移。影响像点位移的因素有无人机飞行速度、相机曝光的时间间隔以及地面分辨率，具体关系见式5-2。

$$\delta = \frac{vt}{\mathrm{GSD}} \tag{5-2}$$

式中 δ——像点位移，单位为像素；

v——飞行速度，单位为m/s；

t——曝光时间，单位为s；

GSD——地面分辨率，单位为m。

3）重叠率设置：一般规定航向重叠率为60%，至少不低于53%，当地面起伏较大时，还应增大重叠率。随着航空数码相机的应用，现在低空摄影测量特别是倾斜摄影测量的航向重叠率已经在70%以上，旁向重叠率也大于60%。重叠率越高，相邻两张影像上的同名地物点也就越多，匹配的同名点数量也就越多，定位精度也就越高，但是重叠率的增加又会导致影像的数量增多，增加了内业数据处理的工作量，为了兼顾定位精度和作业效率通常将影像重叠率设置成航向重叠率 80% 和旁向重叠率 70%。

4）航摄因子参数设计，见表 5-1。

表 5-1　航摄因子参数设计表

航摄相机型号：× ×　　焦距：× ×　　无人机型号：× ×

分区		第 1 航摄分区	第 2 航摄分区	第 3 航摄分区	……
航摄面积/km^2					
地形类别					
影像分辨率/m					
分区	最高点海拔/m				
	最低点海拔/m				
	平均海拔/m				
相对航高/m					
绝对航高/m					
航向重叠率（%）					
旁向重叠率（%）					
航线间距/m					
航线数/条					
曝光方式/曝光间隔					
航线总长度/km					
作业架次					
作业时间/h					
允许航高浮动误差/m					
允许航线偏离误差/m					
飞行巡航速度/(m/s)					

5.4.2　无人机航拍作业

1. 采集设备检查

1）飞行参数设置：参照飞行区域的大小、飞行环境允许的飞行高度、精度需求等进行飞行速度、飞行高度、航向重叠率、旁向重叠率等参数的设置。

2）飞行安全分析：绘制航线区域后在谷歌地图查看相对位置及区域内各部分位置高程差，分析所规划航飞区域的安全性。然后进行现场踏勘，寻找合适的飞机起降地点，并留意航线区域内是否有出现高山、高楼、电塔等不安全因素，以确定飞行的高度。

3）相机检查：相机作为倾斜影像采集设备，其感光度、焦距、快门速度均需要根据任务需求及天气情况调节到合适的参数值，且各台相机参数需保持一致。相机参数设置完成后可将相机固定于云台中，并确保相机开机、相机盖已摘除。

4）无人机检查：利用指南针查看无人机的机头方向，与飞控软件中的罗盘参数对比，确定飞控软件中方向无误。然后接通飞机动力电源，利用遥控器测试云台工作状态。

5）首飞联合调试：作业人员及设备到达现场后在正式拍摄前要安排一架次试验飞行，试飞的目的是对数码航摄仪、曝光组合、机组与航摄人员的配合以及飞机照相窗口性能和飞行组织协调等各个方面进行检验，确保航空摄影项目的顺利进行。起飞前要对航摄仪做基本程序检查，如相机座架、镜头、飞行控制系统及定向系统通电检查，确保电路、机械传动部件、飞行管理软件、数据硬盘记录工作正常、设备各项设置参数正常无误。首飞结束后，摄影员马上现场检查影像是否清晰，保存的数据是否完整。质检员重点检查影像质量、航向重叠状况、数据是否完备，质检员应及时向作业现场反馈质检结果并提出改善飞行和影像质量的合理化建议。如果首飞结果未发现问题可安排进行后续航摄飞行。

2. 无人机航拍作业

根据制订的分区航摄计划，寻找合适的起飞点，对每块区域进行拍摄采集照片。在设备检查完毕，并确认起飞区域安全后，将无人机解锁起飞。起飞时飞手通过遥控器实时控制飞机，地面站飞控人员通过飞机传输回来的参数观察飞机状态。飞机到达安全高度后由飞手通过遥控器收起起落架，将飞行模式切换为自动任务飞行模式，同时，飞手需通过目视无人机时刻关注飞机的动态，地面站飞控人员留意飞控软件中电池状况、飞行速度、飞行高度、飞行姿态、航线完成情况等，以此保证飞行安全。

无人机完成飞行任务后，降落时应确保降落地点安全，避免路人靠近。完成降落后检查相机中的影像数据、飞控系统中的数据是否完整。数据获取完成后，需对获取的影像进行质量检查，对不合格的区域进行补飞，直到获取的影像质量满足要求。针对无法旋转镜头拍摄的建筑和地面死角，导致模型和贴图扭曲拉伸和缺失等问题，建议补拍建筑侧面信息，从而进一步提高模型质量。

5.4.3 像控点布设与测量

野外控制点是航测内业加密控制点和测图的依据，主要分为平面控制点、高程控制点和平高控制点三种。平面控制点仅测定该点的平面坐标，高程控制点仅测定该点的高程，而平高控制点则要测定该点的平面坐标和高程。像控点的布设方案与自由网平差精度有关，合理地布设像控点可以有效地削弱误差传递从而使误差减小且分布均匀，因而显得至关重要。

（1）像控点布设原则　像控点的选择和布设不仅和布设方案有关，还要考虑影像成图的质量，与附近的色差是否明显，是否容易在影像上辨别，另外还要考虑是否有信号干扰等问题。

像控点的布设应该考虑以下几个方面的因素：

1）像控点标靶尺寸合适，一般布设在较平坦的地方，在地面标志性图案的拐角或物体的棱角处，方便点位的查找和定位，在影像上应该比较清晰，容易被识别。

2）为了减少投影差对影像匹配结果精度的影响，像控点布设的位置应该在离影像边界 1 ~ 1.5cm 的位置。

3）由于阴影会使像控点标靶在影像上不清晰，所以在实地布设像控点时应该避开有阴影的区域。

4）像控点要选择在宽敞的地方，要避开电视塔、信号塔、大片水域等干扰信号的地方以免影响像控点的测量精度。

5）布设的像控点应该是能共用的，通常在 5、6 片重叠范围内，距离像片的边沿要大于 150 像素，距离像片上的各种标示应该大于 1mm。区域网四周的像控点应能控制所需测量的面积。

6）像控点要在旁向重叠的中线附近，如果旁向重叠率过小，则需要分别布点，但控制区域所裂开的垂直距离要小于 2cm。旁向重叠率过小，相邻航线像控点不能公用时，应分别布点，当旁向重叠率过大使相邻航线的点不能公用时，亦应分别布点。

7）当像控点为平高点时，实地选点时要选择影像清晰的明显地物点，如接近线状地物的交点、地物拐角点等实地辨认误差小于图上 0.1mm 的地物点，当像控点为高程点时，要优先选局部高程变化不大的地物目标点，不可在弧形地物及高程变化较大的斜坡选取刺点及像控点。

8）像控点整饰时，要在影像上对应的控制点点位标注点名或者点号，在笔记本上记录关于刺点位置的详细说明，说明要确切，点位图、说明必须一致。

（2）像控点分布方式　由于倾斜摄影数据含有 IMU 资料，同时考虑到测区地形因素，一般采用在测区角部点组布设、周边均匀布设及内部少量布设方式：即在测区的角部以点组的形式布设像控点，四周边均匀布设和内部少量布设像控点，如图 5-7 所示。

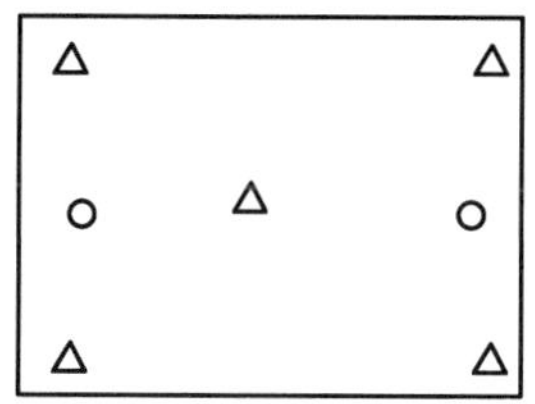

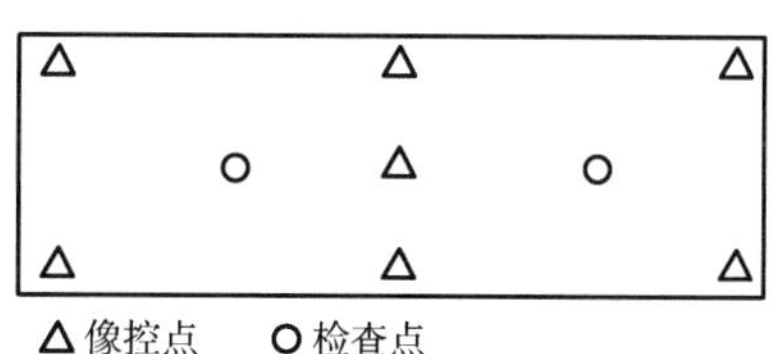

图 5-7　像控点布设原则

（3）外业像控点标记方式　为了保证最终的成果数据精度，需要在拍摄前布设像控点标记，如图5-8所示，做标记采用的材料一般是油漆或者腻子粉，布点方式一般采用“十”字形或者“L”形。应当注意的是在采用“十”字形布点方式时，为了方便刺点和保证刺点精度，应该在十字的中心位置喷一个直径为5cm的小圆。当像控点选择在水泥路、柏油路等地面比较坚硬的地方时，一般采用油漆做像控点标记；当像控点选择在土质比较松软的地方时，一般采用腻子粉做像控点标记。

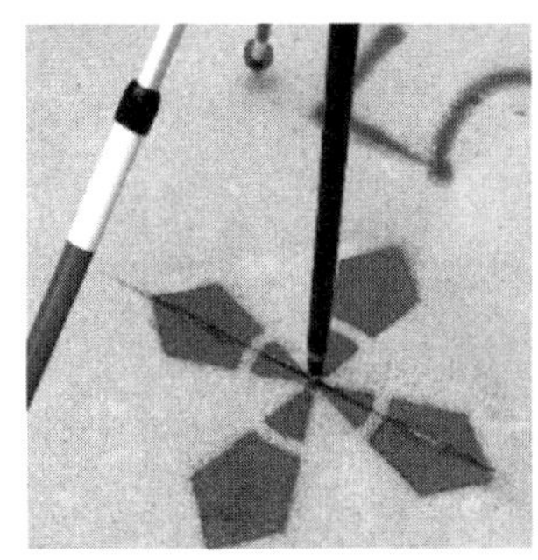

图5-8　像控点标记方式

（4）像控点测量

1）精度要求：像控点的平面和高程中误差均不超过20cm。

2）像控点选择：应选择影像清晰的明显地物，交角良好的线状地物的交点、明显地物的折角顶点，如平顶房的房角、围墙顶部拐角、门墩顶角、大门顶盖角、以及其他便于量比高、测距的墩台、柱的顶部拐角等，人字房角和局部高程变化不规则的不宜选择。

3）像控点测量：可利用测量区域地形图图根控制成果，采用全站仪测量获取。

4）像控点整饰：在原始影像数据上进行，使用photoshop软件在像片数据上添加整饰信息，整饰后的文件以像控点名为文件名保存。外业可拍现场照片，辅助内业快速判点。

5）成果整理：像控点坐标成果建议用Excel软件制作，并按控制点点号的优先级进行排序。

5.4.4　航拍数据整理

由于倾斜摄影测量所用的数据量非常庞大，对于一个项目中的影像数据、POS信息、像控资料应进行分类管理，应检验有关联性的部分是否存在逻辑错误（即数量、编号、时间等信息的对应情况）。

在数据整理中，主要的工作内容包括：

1）影像按照架次与镜头放置，首先根据照片的拍摄时间建立以“日期-架次”为名称的目录，然后根据镜头的正、前、后、左、右分为五个方向建立其对应的子目录（为了便于软件遍历，通常使用英文 O、B、H、L、R)，由于数码相机的影像记录习惯是按照顺序从 0001 到 9999 为一个文件夹进行存放的，因此在影像数量超过 1 万时则会有多个文件夹出现，需要按照架次重新归入一个文件夹后再按照时间顺序重新命名。

2）POS 数据整理，POS 数据应当与影像一一对应，由于倾斜摄影测量的空三算法对于正射匹配有最高的优先权，因此通常情况下只需要针对正射影像进行整理即可，将 POS 数据按照正射影像的名称建立关联索引，甚至根据处理软件的要求制成 Txt 文件或者 Excel 表格。

3）像控资料整理，根据实际航线与像控点实地坐标，寻找包含像控点坐标的 5 张及以上的正射影像，并在图上的像控点范围内进行标注（画上红圈），与外业时采集的像控点坐标数据、实地拍摄照片等资料进行汇总。

5.5 航飞质量控制

倾斜摄影模型生产质量控制贯穿于整个数据整理加工的全生命周期中，通过采用科学的方法和一系列切实有效的手段，在数据采集阶段，针对数据质量的关键性问题，予以精度控制、效果调整及错误改正，以保证模型质量。

5.5.1 飞行前质量控制

严格按照测绘航空摄影各项技术规范的要求，杜绝质量事故，做到产品的各项技术指标均达到优。

（1）设备检查　飞机起飞前做好机上设备检测，所有设备工作正常后飞机方可起飞。

（2）导航　全部航摄飞行都采用 GPS 系统导航，严格按设计的 GPS 领航数据实施航摄飞行。飞行中经常检查 GPS 导航仪的工作状况，防止 GPS 卫星失锁造成 GPS 导航失效。

（3）航高　按照设计航高飞行，同一航线上相邻像片的航高差不得大于 20m，最大和最小航高差不得大于 30m，实际航高与设计航高之差应小于设计航高的 5%。

5.5.2 飞行特殊情况处理原则

（1）穿越航线　原则上各相邻的平行航线需要有一到两条穿越航线进行垂直穿越，以便使后期数据处理中保证各条航线的连接精确。

（2）小十字　飞行过程中的每个架次，为了对本架次数据进行精确的校正，即在每个架次的正式航线数据采集前或数据采集后都要进行检校场飞行，即小十字飞行。

（3）补飞　数据获取过程中可能会存在极少量的某些异常情况，造成某一区域的数据获取缺失等现象，对于产生数据漏洞的航线要进行补飞，补飞航线两端均要相应延长一部分，从而使得两次获得的数据能够很好地接边。

（4）数据异常　在飞行过程中可能会遇到极少的卫星信号瞬间失锁现象，或由于较恶劣的飞行条件，如较大的风或上升气流等造成飞机姿态变化较快时卫星信号不好，对于这种情况造成的 POS 数据有某些异常，应根据数据异常时间段是否在正式航线上和整个架次的 POS 数据精度来决定航线数据的有效性，对于无效数据的航线或架次将进行补飞。

5.5.3　飞行方案设计

1）在便于施测像片控制点及不影响内业正常加密时，旁向覆盖超出摄区边界线不少于像幅的 15%，航向覆盖超出摄区边界线至少一条基线，可视为合格。

2）航向、旁向重叠率数据均优于 70%，影像像点位移最大不超过 1.5 像素，旋偏角一般不大于 15°，在像片航向和旁向重叠率符合要求的前提下，最大不超过 25°。

3）在一条航线上达到或接近最大旋偏角限差的像片数不得连续超过三片；在一个摄区内出现最大旋偏角的像片数不得超过摄区像片总数的 4%。

4）检查飞机起飞前和降落后 IMU、GPS 的工作时间，要求至少达到 10min 以上。

5）进入摄区航线时为了避免 IMU 误差积累，宜采用左转弯和右转弯交替方式飞行，且每次的直飞时间不宜大于 30min，在 20min 内为佳（按飞机巡航速度 420km/h 计，航线长度一般不宜大于 210km，以在 140km 内为佳）。

6）飞行过程中飞机的上升、下降速率一般不能大于 10m/s，飞行过程中的转弯坡度不宜超过 20°，以免造成卫星信号失锁。

7）测区边界覆盖：旁向覆盖超出测区边界线不少于 400m。为便于施测影像控制点及内业正常加密，旁向覆盖不少于像幅的 15%。

8）个别情况下，允许影像旋偏角大于 15°但不超过 25°，保证航向和旁向重叠率正常。

5.5.4　像控成果质量

1）包括像控布设合理性检查、像控点平面位置和高程位置精度检查、成果整理等文档资料检查。

2）像控布设合理性检查，要求结合成图比例尺和相关布设规范，检查点位分布的合理性。

3）平面位置和高程位置精度检查，采用 RTK 野外实测的方式进行相关指标计算。

5.5.5　航拍影像质量

1）影像的曝光过度或不足、重影、散焦与噪点，将严重影响三维建模的质量。为了避免这类曝光问题，在外出航拍时尽量提前看天气预报，在多云的天气拍摄比晴天更好，如果必须在晴天拍，最好选择中午左右使阴影区域最小化。

2）拍摄前调试使用最合适的快门、光圈、ISO值。

参数相同点：都可以调节曝光的明暗度，光圈调大、ISO调高、快门速度调慢都会使曝光亮度增加。参数不同点：光圈可调节景深，小光圈景深大，大光圈景深小，景深无法通过ISO、快门来控制，这就是光圈和ISO、快门的区别。ISO除了明暗调节外还有一个特点是对画质的影响，ISO高了画质就会降低，所以提高ISO在三要素里是最后考虑的，实在不行才提高ISO。

3）其他技术总结。

①相机感光器件CCD/CMOS的尺寸、焦距以及像素的大小直接影响影像的精度，从而影响模型的精度。

②在相机参数不变的情况下，无人机飞行高度（曝光点到地物的高度）是决定模型精度高低的关键因素。

③在建模的过程中，需要知道相机感光器件CCD/CMOS的尺寸CCD/CMOS面积越大，捕捉的光子越多，感光性能就越好，信噪比越高，成像效果越好。1/1.8英寸的300万像素相机效果通常好于1/2.7英寸的400万像素相机（后者的感光面积只有前者的55%）。

④相同尺寸的感光器件像素增加固然是件好事，但这也会导致单个像素的感光面积缩小，有曝光不足的可能。

⑤拍摄好的影像，不要进行任何的编辑，包括改变尺寸、裁剪、旋转、降低噪点、锐化或调整亮度、对比度、饱和度和色调。

⑥飞行过程中拍摄的图像会有一定的模糊，尤其是倾斜旋翼机上使用的普通相机，对于微单相机来说，运动模糊是不可避免的。运动模糊会导致特征点提取不准，从而对空三处理中连接匹配和三维重建中的粗匹配产生较大的影响。

⑦模型重建要求连续影像之间的重叠部分应该超过60%，物体的同一部分的不同拍摄点间的分隔应该小于15°。

⑧规划航线拍摄时，建议采集航向重叠率75%以上，旁向重叠率不小于70%的影像。为实现更好的效果，更好地还原建筑，建议同时采集垂直和倾斜影像，并同时用小无人机低空采集高空相机拍不到的死角。

⑨尽量选择高分辨率的单反相机，建议选用2000万像素以上。避免使用广角鱼眼镜头，最好选择定焦镜头，如果使用变焦镜头，请将该镜头焦距设置成最大或最小值。

⑩将相机调整为最大分辨率模式。ISO值尽量低，否则高ISO会产生噪点，光圈值足够高（光圈越小越好），以产生足够的景深，背景不要太模糊，快门速度不应该过慢，否则轻微的动作就会造成图像模糊。

⑪避免选择高反光、透明的物体，例如玻璃幕墙建筑、湖面等。如果需要拍摄容易反光的物体，最好在阴天下拍摄，尽可能没有亮点。

⑫避免选择有两面绝对对称的物体（形状和纹理都对称），例如单色立方体或有对应面一样纹理的立方体。

⑬避免有移动的物体在场景中，要保证被拍摄的背景环境是不变的。

5.5.6 补摄与重摄

1）航摄过程中出现的绝对漏洞、相对漏洞及其他严重缺陷必须及时补摄。

2）漏洞补摄必须按原设计航迹进行。

3）补摄航线的长度应满足用户区域网加密布点的要求。

4）补摄航线的长度应超出漏洞外一条基线。

5）应采用相同的数字航摄仪进行补摄。

5.5.7 POS 数据质量

1）检查地面基站 GPS 数据是否存在异常，并要保存原始观测数据。

2）检查机载 GPS 数据有无失锁现象发生，如果有失锁现象，观察失锁的区间和时间段，分析是否需要补飞或补漏。

3）检查 IMU 数据是否连续。

4）数据处理精度检查时应注重观测质量和解算精度，分析成果是否满足后处理要求，各个架次的飞行数据均要能够满足项目的精度要求。

习题与思考题

1. 影像分辨率 GSD 与航测最终成果精度有什么关系？
2. 请简述利用无人机进行航迹规划时的主要流程。
3. 利用无人机进行面状区域的航线设计时，需要注意哪些事项？

第 6 章　倾斜摄影自动化建模

常见的倾斜摄影自动化建模软件众多，例如大疆智图、Context Capture、Pix4D、Agisoft Metashape、重建大师、瞰景 Smart3D 等，本章以大疆智图（DJI Terra）为例进行重点介绍。

大疆智图是大疆创新公司自主研发的一款以二维正射影像与三维模型重建为主，同时提供二维多光谱重建、激光雷达点云处理、精细化巡检等功能的 PC 应用程序。一站式的解决方案可帮助行业用户全面提升内外作业效率，重点针对测绘、电力、应急、建筑、交通、农业等垂直领域提供一套完整的重建模型解决方案。

无人机倾斜摄影建模中最为常见的功能为基于可见光的模型重建，可见光重建包括二维重建和三维重建，其中二维重建是基于摄影测量原理利用无人机采集的影像生成所摄区域的数字表面模型（DSM）及数字正射影像（DOM）的过程。三维重建是基于摄影测量、计算机视觉中的多视几何及计算机图形学等原理利用无人机采集的影像生成所摄物体实景三维模型的过程。

用户可通过可见光重建功能，获得高精度二维地图或三维模型，广泛应用于地形测绘、工程测量与维护、地质灾害调查、消防救援、抢险救灾、国土调查、城市规划、文物保护、农业植保等领域。

二维重建基本流程为：数据导入 ⇨ 空中三角测量 ⇨ 二维重建。

三维重建基本流程为：数据导入 ⇨ 空中三角测量 ⇨ 三维重建。

其中，空中三角测量是二维、三维重建的必要步骤，可单独进行空中三角测量，也可与二维重建或三维重建一起开展。详细的数据处理流程介绍如下。

6.1　数据导入

6.1.1　数据预处理

1）使用大疆无人机及大疆任务载荷（如 P4R、P1 等）采集的数据，无须进行数据预处理。

2）使用第三方五镜头相机/三镜头相机载荷，如果这些相机未区分相机型号（即所有照片的相机型号属性都是一样的），且相机内参数中没有以 XMP 形式写入照片，则需要对

照片做以下预处理:

①以五镜头相机为例，将采集的照片以每个镜头为单位分别存放在五个文件夹内，再分别对每个文件夹全选影像，右键单击，在弹出的菜单中选择“属性”，单击“详细信息”，下拉找到“照相机型号”，单击右侧参数值框进入编辑模式，输入数字或字母，分别在五个文件夹内修改所有照片的照相机型号，不可重复。例如可将不同相机照片的“照相机型号”分别设置为：1、2、3、4、5 或 A、B、C、D、E，如图 6-1 所示。

②对于第三方设备采集的“35mm 焦距”参数未定义的影像，可定义该参数以提升重建效率和效果。将所有影像存储在一个文件夹下全选照片，右键单击在弹出的菜单中选择“属性”，单击“详细信息”，下拉找到“35mm 焦距”参数项单击右侧参数值框进入编辑模式，输入正确的“35mm 焦距”参数，如图 6-2 所示。

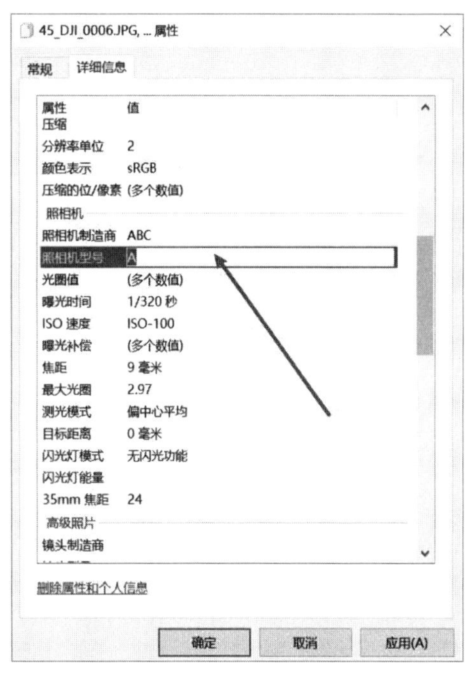

图 6-1　照相机型号设置

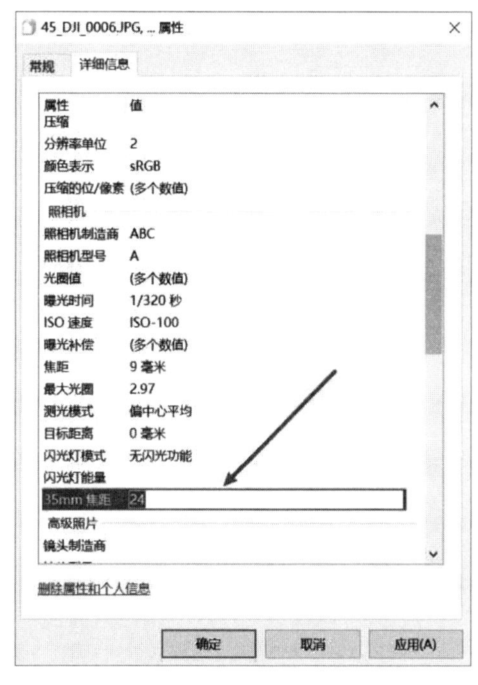

图 6-2　相机 35mm 焦距设置

6.1.2　新建重建任务

启动 DJI Terra 软件并登录后，单击左下角新建任务，选择【可见光重建】任务类型。

6.1.3　添加影像

1. 可通过以下两种方式添加原始影像

单击，从计算机中选择影像进行数据添加，可用 Ctrl + A 全选所有影像进行导入。

单击▇，从计算机中选择影像所在文件夹，进行数据添加；若文件夹下有子文件夹，会自动添加所有的子文件夹下的影像。

注意影像所在的文件夹文件路径不能带特殊字符，如“#”，否则像控点页面刺点视图将无法显示。

2. 相机位姿展示

添加完成后，地图界面右上角显示 图标，打开拍照点显示，影像对应的地理位置将以圆点形式显示在 2D 地图上，亦可切换至【AT】或【3D】视图下，查看三维空间下的相机点位的分布，如图 6-3 所示。

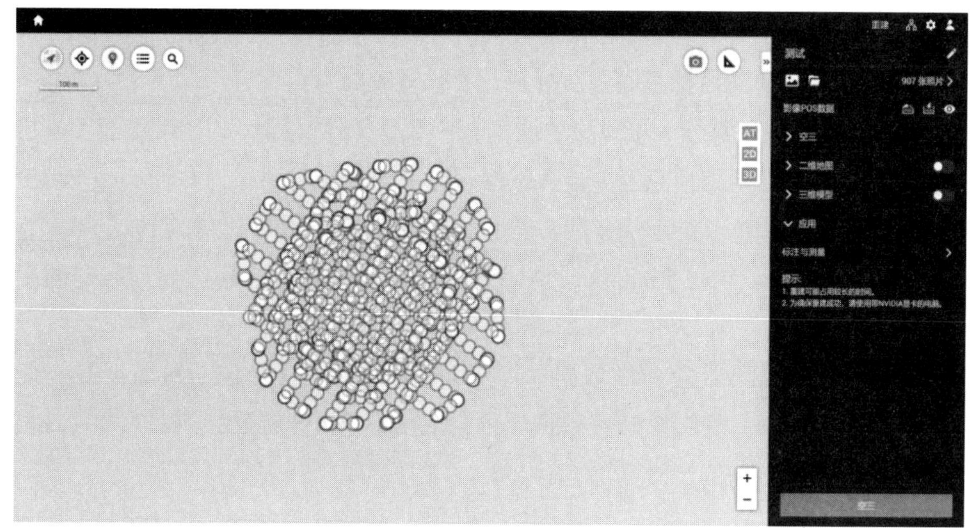

图 6-3　相机位姿展示

3. 影像管理

单击影像右侧的箭头符号来管理影像。影像按照所在文件夹进行分组显示，点开各个分组的列表以查看并管理影像。

4. 选择指定范围影像

若需要保留或删减指定范围内的影像，可在影像管理界面进行如下操作：

1）添加区域边界点。单击 图标，使用鼠标左键在地图上添加边界点以绘制框选区域。

2）编辑边界点。使用鼠标左键单击边界点将其选中，按住鼠标左键并拖动可调整边界点位置，在边界线上单击鼠标左键可插入新的边界点。单击 删除当前选中的边界点，单击 删除所有边界点。

3）选定区域后，单击鼠标右键，在弹出的菜单中选择删除框内或框外照片。

4）完成操作后，返回重建页面。

6.1.4 导入影像 POS 数据

影像 POS 数据记录了影像的地理位置、姿态以及其他定位辅助信息，准确的影像 POS 数据可提升重建速度及成果精度。部分第三方相机的 POS 数据与影像是分开的，需要执行导入 POS 数据的操作。大疆无人机及大疆载荷（如 P4R、P1 等）采集的数据，都是将 POS 数据写入影像，无须执行此步骤。

某些第三方相机没有将 POS 数据写入影像，可使用影像 POS 数据导入功能，将 POS 数据与影像对应。如果需要地方坐标系的成果，可使用坐标转换工具将原始影像的 POS 数据转换成地方坐标系的 POS 数据再进行导入。操作流程如下：

1）根据影像 POS 数据导入格式要求准备 POS 数据文件（图 6-4）。大疆智图支持导入 txt 和 csv 格式的数据。数据信息至少包含影像名称（需为绝对路径，并带 .jpg 后缀）、纬度（*X/E*）、经度（*Y/N*）、高程（*Z/U*）等信息，文件可以使用逗号（,）、点（.）、分号（;）、空格、制表符作为列分隔符，请确保 POS 信息中影像名称与导入数据的影像数据名称对应且唯一。

注意：如需对影像自带的 POS 数据进行坐标转换，可在【影像 POS 数据】右侧单击【导出 POS 数据】按钮，将影像 POS 数据导出，使用第三方坐标转换工具（如 Coord）转换后再导入。

数据列定义　总行数：25

未定义	未定义	未定义	未定义	未定义	未定义	未定义
照片名称	纬度	经度	高度	Yaw	Pitch	Roll
100_0001_171...	123.103553535	31.75678992	23.13423423	-179.9633456	-89.476576546	0
100_0001_172...	123.103689989	31.75689223	23.36525445	-179.9663678	-89.637746546	0
100_0001_173...	123.103469989	31.75646378	23.26243534	-179.9645676	-89.987976789	0
100_0001_174...	123.103359979	31.75711232	23.56464565	-179.9879788	-89.768798546	0
100_0001_175...	123.103345346	31.75699889	23.67648356	-179.5789868	-89.786586465	0
100_0001_176...	123.103398979	31.75677782	23.13443545	-179.9885777	-89.989605456	0
100_0001_177...	123.103422424	31.75669682	23.89876454	-179.9898599	-89.786965764	0

图 6-4　影像 POS 数据

2）在【影像 POS 数据】右侧单击【导入 POS 数据】按钮，如图 6-5 所示，选择需要导入的 POS 数据文件。需注意的是，如果影像本身不带 POS 数据，导入 POS 数据后软件页面也不会显示 POS 点位，但在重建时会使用导入的 POS 数据进行重建。如果影像本身带 POS 数据，导入转换后会覆盖原有 POS 数据。

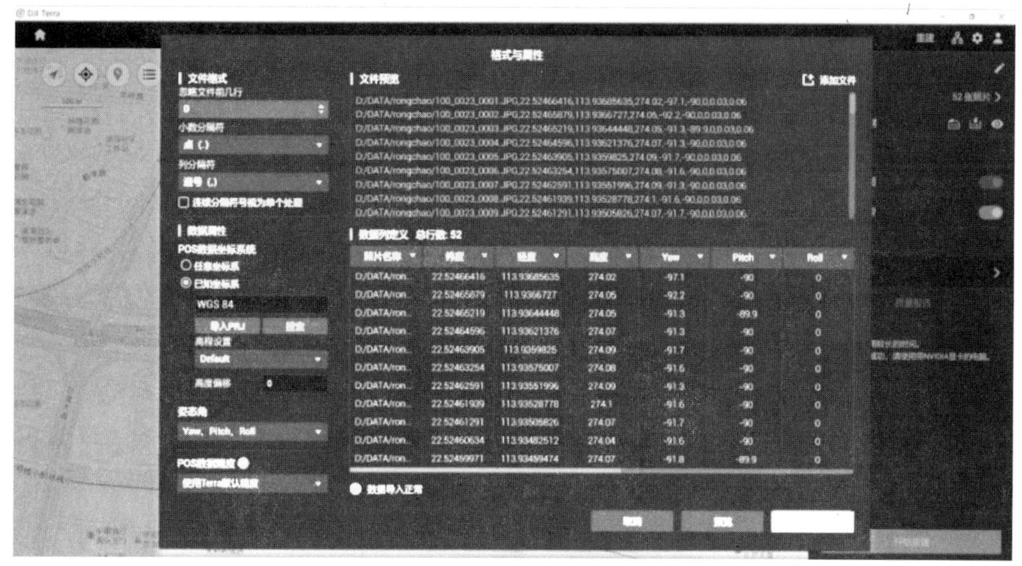

图 6-5　影像 POS 数据导入

3）在【文件格式】按导入数据的格式分别设置【忽略文件前几行】【小数分隔符】【列分隔符】。

【数据列定义】窗口将根据【文件格式】的设置显示数据。

【忽略文件前几行】用于删除数据文件中的标题及样例行。

【小数分隔符】用于定义小数点的显示形式。

【列分隔符】用于定义文件内容各列间的分隔符号。

4）在【数据属性】设置【POS 数据坐标系统】及【高程设置】。如坐标系特殊可选择任意坐标系。对于系统中没有的高程系统，可以将高程设置为 Default（椭球高）。

5）【高度偏移】可整体增加或降低高度，小范围椭球高与海拔高的高程异常可视为固定值，可通过该参数设置快速将椭球高调整为海拔高。

6）【姿态角】可选择影像姿态信息，大疆智图支持 Yaw、Pitch、Roll 以及 Omega、Phi、Kappa 格式的姿态信息，如没有姿态信息可选择无。

7）【POS 数据精度】可设置影像 POS 数据的精度，如选择使用 Terra 默认精度，大疆智图将根据影像的 XMP 信息自动判断每张影像是否为 RTK 状态采集的。如果是，则默认水平精度为 0.03m，垂直精度为 0.06m；如不是，则默认水平精度为 2m，垂直精度为 10m。如使用的是第三方相机，或导入 PPK 后差分结果，请自定义精度并定义数据列的精度选项。

8）【数据列定义】可选择每列数据的对应项，然后单击下方【导入】按钮进行 POS 数据导入。

注意：

①照片名称、纬度（*X/E*）、经度（*Y/N*）、高度（*Z/U*）为必选内容。

②不可选择相同的数据列定义。

9）导入完成后，可在【影像 POS 数据】右侧单击【查看 POS 数据】按钮检查 POS 数据是否正常导入。

10）确认无误后即可进行下一步操作。

6.2　空中三角测量

空中三角测量是指摄影测量中利用影像与所摄目标之间的空间几何关系，通过影像点与所摄物体之间的对应关系计算出相机成像时刻相机的位置姿态及所摄目标的稀疏点云的过程。处理空中三角测量后，能快速判断原始数据的质量是否满足项目交付需求以及是否需要增删影像，如图 6-6 所示。二维重建和三维重建都必须先做空中三角测量处理。

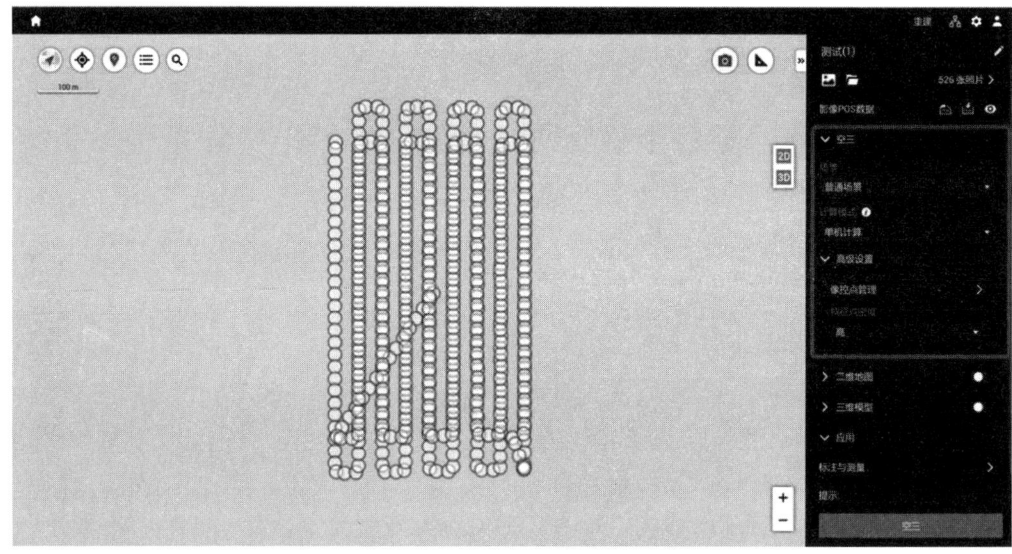

图 6-6　空中三角测量场景设置

6.2.1　参数设置

（1）场景　不同的场景对应不同的匹配算法，可根据拍摄方式的不同选择合适的场景。

普通：适用于绝大多数场景，包括倾斜摄影和正射拍摄的数据。

环绕：适用于环绕拍摄的场景，主要针对细小垂直物体的重建，如基站、铁塔、风力发电机等。

电力线：适用于可见光相机（如 P4R）采用垂直电线的 Z 字形拍摄电力线的场景。

（2）计算模式　如果计算机有集群权限，此处可选择单机计算或集群计算，如果计算机仅有单机权限，则看不到“计算模式”选项。

（3）高级设置

1）特征点密度。

高：单张影像提取较多的特征点，适用于对成果精度和效果要求较高的场景。

低：单张影像提取较少的特征点，适用于需要快速出图等场景。

2）被摄地物距离。如果使用的是集群计算，则此处可以看到【被摄地物距离】设置项，表示采集数据时，相机与被摄地物的距离，如有多个不同距离，则取最短距离。此参数用于指导空中三角测量分块，被摄地物距离越大，空中三角测量解算越慢。

3）XML 格式。可选择输出 XML 格式即 Context Capture Blocks Exchange，坐标系建议与二维重建、三维重建坐标系保持一致。大部分的修模软件需要此文件。

注意：XML 格式仅支持投影坐标系，暂不支持选择地理坐标系。

6.2.2　像控点

像控点是在影像上能够清楚地辨别，且具有明显特征和地理坐标的地面标识点。可以通过 GPS、RTK、全站仪等测量技术，获取像控点的地理坐标。然后通过软件刺像控点的方式将像控点与拍摄到该点的照片关联起来。像控点分为控制点和检查点，控制点用于优化空中三角测量的精度，可提升模型精度，也可实现地方坐标系或 85 高程基准的转换。检查点用于检查空中三角测量的精度，可通过检查点来定量对精度做评价。

在进行二维重建或三维重建时，用户可在添加影像后导入像控点，利用像控点提高空中三角测量的精度和鲁棒性、检查空中三角测量的精度以及将空中三角测量结果转换到指定的像控点坐标系下，提高重建结果的准确度。

（1）像控点文件准备

1）使用像控点功能前先准备像控点文件，如图 6-7 所示。像控点文件中的信息应遵循每行从左至右分别为像控点名称、纬度（X/E）、经度（Y/N）、高程（Z/U）、水平精度（可选）、高程精度（可选），各项之间用空格或制表符隔开。

名称	纬度	经度	高程
1	22.0	113.0	1.0
2	22.5	113.5	2.0
a	23.0	114.0	3.0
b	23.5	114.5	4.0

图 6-7　经纬度形式及投影形式像控点文件示意

2）单击【像控点管理】进入像控点管理页面，如图 6-8 所示，页面主要包括像控点列表、像控点信息、照片库、空中三角测量视图、刺点视图。刺点视图在选择照片库中的影像后，将出现在空中三角测量视图左侧。可在此页面添加像控点、刺点，进行空中三角测量解算及优化。

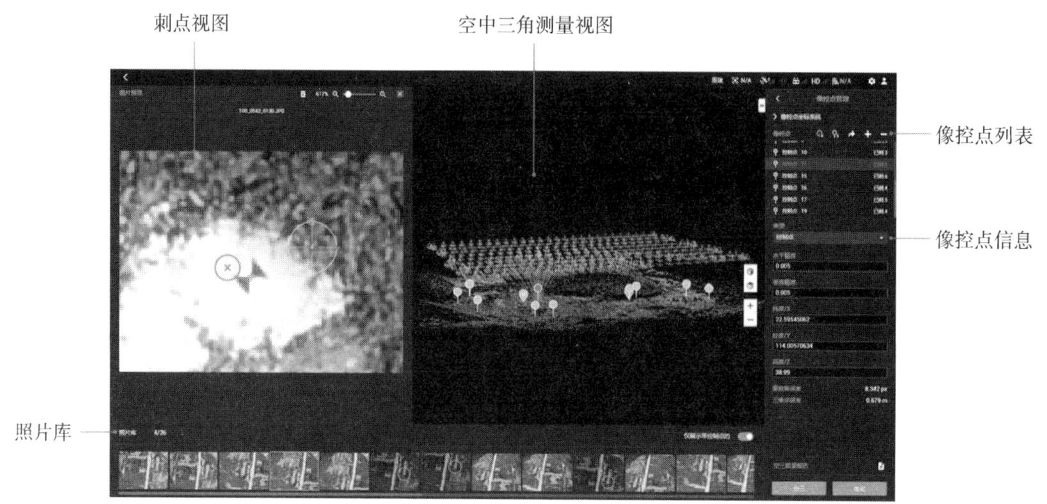

图 6-8　像控点管理

（2）像控点导入

1）导入像控点文件前，先选择像控点的坐标系统及高程系统。如果 POS 高程为椭球高，像控点高程为 85 高程基准，或者像控点使用的是地方坐标系，则应将坐标系选择为"任意坐标系"。

2）在像控点列表，单击【导入像控点文件】按钮，将像控点文件导入。如果是通过其他设备刺点，可以将整个刺点文件导出，再通过【导入刺点文件】按钮导入 json 格式的刺点文件。

（3）像控点编辑

1）如需添加或删除像控点，可单击像控点列表的【+】/【-】按钮进行操作，按住 Ctrl 键可选中多个像控点，按住 Shift 键可选中两次鼠标点击之间的所有控制点。

2）在像控点列表中选中一个像控点，可在下方编辑该像控点信息，如设置像控点为控制点或检查点，编辑水平精度、垂直精度以及符合像控点坐标系的坐标值。

3）在进行刺点操作前，先单击【空三】按钮，对影像进行空中三角测量处理，处理完成后将在左侧区域显示空中三角测量解算结果，包括相机位姿和点云。

（4）刺点优化　刺像控点是把外业采集的像控点的地理坐标与看到这个点的照片相关联的过程，无论是控制点还是检查点，要想起作用的话都需要做刺点操作。

1）在进行刺点操作前，建议先单击【空三】按钮，对影像进行空中三角测量处理，做完空中三角测量处理后像控点预测位置将更加准确。也可以不做空中三角测量处理直接刺点，这样像控点预测位置会不准确，需要多花时间查找点的位置。

针对特殊的坐标系或使用了 85 高程基准，刺点流程如下：

空中三角测量—导入像控点文件—像控点坐标系统选择为已知坐标系—刺点—将坐标系调整为任意坐标系—优化。

针对已知坐标系，且高程系统与无人机数据采集时一致，刺点流程如下：

空中三角测量—导入像控点文件—像控点坐标系统选择为已知坐标系—刺点—打开影像 POS 约束—优化。

2）选中任一像控点，在照片库右方开启【仅展示带控制点的】选项，单击照片库中包含此像控点的某张影像，左侧区域将出现刺点视图，其上的蓝色准星表示所选像控点投影到此影像中的预测位置，如图 6-9 所示。

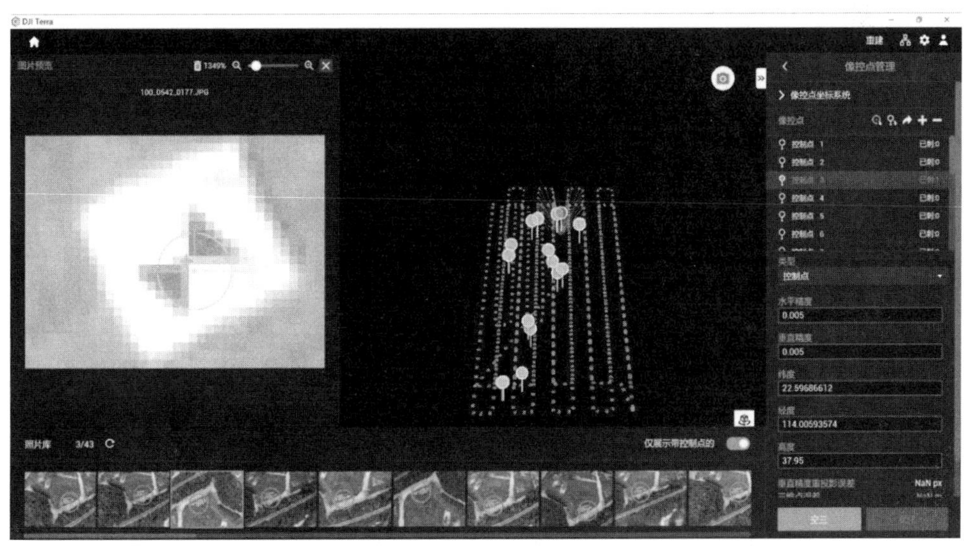

图 6-9　刺点视图

3）在刺点视图的影像上，按住鼠标左键可拖动影像，滑动滚轮可缩放影像。拖动黄色准星在需要标记位置单击鼠标左键进行刺点，标记像控点在影像上的实际位置。刺点在刺点视图和照片库缩略图中显示为绿色十字，同时照片库缩略图右上角将显示对勾标记，表示此为刺点影像。

4）单击刺点视图上方的【删除】图标，可删除该影像上的刺点信息。

5）对于同一像控点，在第三张影像刺点完成后，蓝色准星的预测位置会根据刺点位置变化实时更新，像控点信息下方的刺点【重投影误差】和【三维点误差】亦会更新。

6）【重投影误差】及【三维点误差】可用于判断刺点位置与原始 POS 数据的误差，依据误差不同，数字颜色会呈绿色、黄色、红色变化，如果刺完某张照片之后该误差突然变大，应核查是否刺错了位置。建议在一个测区使用至少5个分布均匀的控制点，单个控制点的刺点影像不少于8张（若为五镜头的数据，建议每个镜头的刺点影像不少于5张），影像位置尽可能分散，且刺点点位避开影像边缘。当新加入照片的预测位置与实际位置基本一致时，则该像控点无须再刺点。

7）如果开启【使用影像POS约束】，则RTK照片初始POS数据的平面精度为0.03m，高程精度为0.06m，此初始POS数据会与像控点同时对空中三角测量起到约束的作用。

①如果POS数据与像控点在同一个坐标系及高程系统下，建议打开此功能，会大幅提升重建效率和精度。

②如果使用了地方坐标系或85高程基准的像控点，建议像控点坐标系选择“任意坐标系”，开启【使用影像POS约束】。

③如果使用地方坐标系且制作了地方坐标系的PRJ文件，采用导入PRJ形式定义像控点坐标系，建议关闭【使用影像POS约束】。

8）所有像控点刺点完成后，单击【优化】按钮，进行空中三角测量优化解算，完成后将生成空中三角测量报告，左侧区域的空中三角测量也将更新为优化后结果。

空中三角测量报告中重点关注控制点或检查点的误差及整体误差，如误差过大，则精度不合格，需要对误差较大的点进行重新刺点或增加像控点数量。

9）选中像控点，可在下方的像控点信息查看优化后的重投影误差和三维点误差。亦可查看空中三角测量质量报告中的控制点/检查点的误差情况，如图6-10所示。

10）单击【导出像控点】按钮可将控制点及刺点信息导出为json文件，用于其他任务。

11）确认精度无误后，返回任务主界面进行下一步操作。

像控点信息概览

地面检查点

名称	dx(米)	dy(米)	dz(米)
1	0.051165	0.003647	0.045461
2	0.047788	-0.003096	0.063930
3	0.042141	-0.007247	0.105185
4	0.022170	-0.001203	0.045899
5	0.007752	-0.000452	0.020029
6	0.021198	-0.001716	-0.032660
7	0.011155	0.000429	-0.043956
8	0.015570	0.007580	0.013435
9	0.010142	-0.002590	0.038509

检查点均方根误差

dx(米)	dy(米)	dz(米)
0.025454	-0.000516	0.028426

图6-10　像控点信息

6.2.3　空中三角测量质量报告

下面以大疆智图空中三角测量质量报告为例，如图6-11所示，说明应重点关注的几个参数：

（1）已校准影像　已校准影像即指成功参与空中三角测量运算的影像数，若校准影像数量少于导入的影像数量，则说明部分影像无法参与空中三角测量计算，可能是这些影像拍摄区域全是无纹理或弱纹理区域（比如水、雪等），也有可能是这些影像拍摄的区域与其他影像的拍摄角度、分辨率差异过大。如果因为此原因导致成果部分缺失，则需要重新做外业补拍。

参数

参数	值
特征点密度	低
使用集群	否

影像信息概览

内容	值
影像数量	526
带位姿影像	526
已校准影像	526
影像POS约束	是
地理配准均方根误差	0.019 m
连通区域数量	1
最大连通区域影像数量	526
空三时间	3.052分钟

RTK Status

状态	影像数量
固定解	526
浮动解	0
单点解	0
无解	0

相机校准信息

相机型号 FC6310R

相机序列号 6538366823bfa73004f40001e9283dec

内容	焦距	Cx	Cy	K1	K2	K3	P1	P2
初始	3682.30	2423.08	1823.10	-0.26321300	0.11568700	-0.04491990	0.00107242	-0.00052538
内容	焦距	Cx	Cy	K1	K2	K3	P1	P2
优化	3674.57	2423.90	1827.96	-0.26619515	0.11029384	-0.03230476	0.00033355	-0.00043748

图 6-11 空中三角测量质量报告

（2）地理配准均方根误差 地理配准均方根误差是指解算出来的影像位置与影像中记录的位置之间的均方根误差，该参数能体现出初始 POS 数据的相对精度，数值越小精度越高。

（3）影像 RTK 状态 影像 RTK 状态包括固定解、浮动解、单点解和无解的影像数量。固定解的定位精度为厘米级，固定解影像的数量越多越好；浮动解的定位精度为分米级；单点解的定位精度为米级；无解代表无 RTK 定位解算。如果全部是固定解，则能保证在 POS 坐标系统下的像控精度达到厘米级。如果固定解只占一小部分，则成果绝对精度会较差，需要加适当的像控点才能确保较高的绝对精度。

（4）相机校准信息 关注初始相机焦距/C_x/C_y 和空中三角测量优化后相机焦距/C_x/C_y 的对比，各项优化前后差异一般不超过 50pixel，若优化前后差异较大，可按如下方法排查：

1）若焦距优化前后差异较大，用于重建的影像是统一朝向的（例如全正射或全部朝向某一建筑立面），则增加其他角度拍摄的影像（例如增加倾斜拍摄的影像）。

2）若 C_x、C_y 优化前后差异较大，检查采集的影像是否有变换传感器朝向（例如航测采集过程中是否有无人机掉转机头采集数据）。

6.3 二维重建

二维重建（图 6-12）包括如下步骤：

（1）选择重建分辨率　重建分辨率高为原始分辨率，中为原始分辨率的 1/4（即图片长和宽均为原片的 1/2），低为原始分辨率的 1/9（即图片长和宽均为原片的 1/3）。例如：拍摄原片的分辨率为 6000×6000，重建分辨率选择高即为此分辨率，选择中则对应 3000×3000，选择低则对应 2000×2000。

（2）选择建图场景　无论是城市还是农村，测绘作业都选择城市场景。

（3）选择计算模式　若计算机有集群版权限，则可选择集群计算或单机计算进行重建。

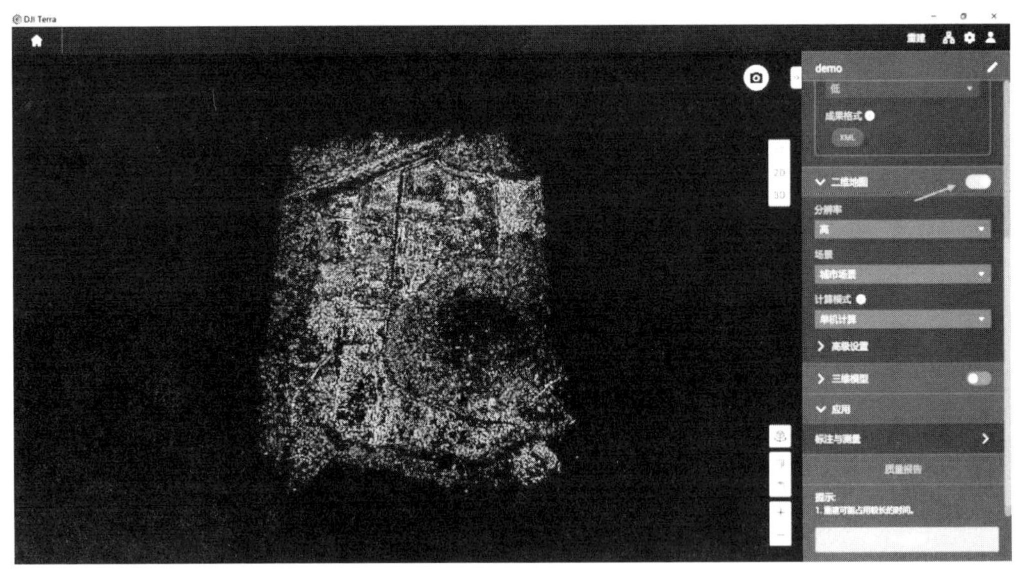

图 6-12　二维重建视图

6.3.1 兴趣区域

在二维重建/三维重建时，用户可在添加照片后，选择兴趣区域进行建模，只生成兴趣区域内的建模成果，这样可节省建模时间，提高效率。

需注意的是，兴趣区域建模需要在空中三角测量完成后进行。空中三角测量完成后，单击高级设置的【兴趣区域】，进入兴趣区域编辑页面，如图 6-13 所示。

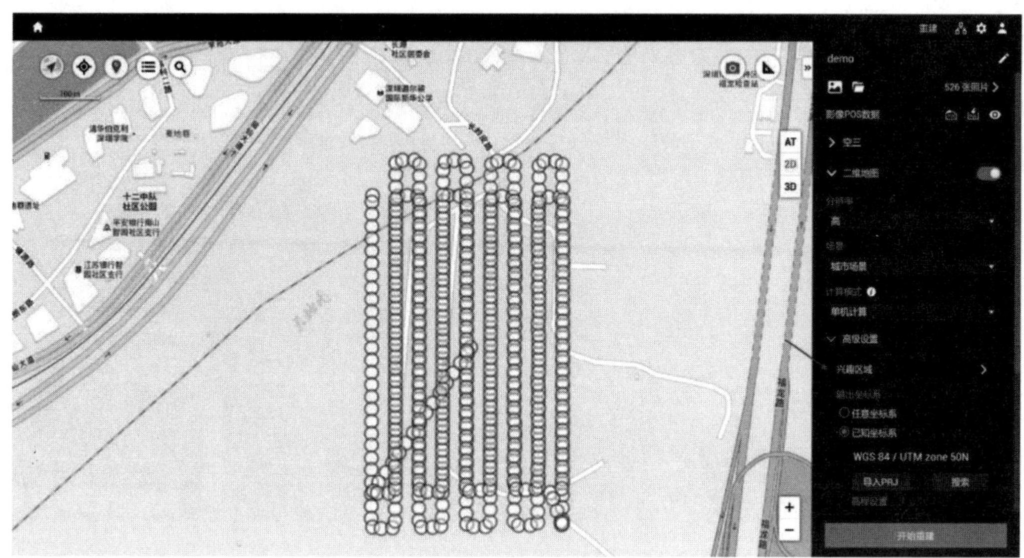

图 6-13　兴趣区域

（1）定义兴趣区域　用户可通过以下四种方式定义重建的兴趣区域。此处采用的坐标系与输出坐标系设置中的坐标系一致。

1）单击“导入 KML 文件”，将 KML 文件中的点转化为兴趣区域的边界点。

2）在文本框中输入兴趣区域的最小与最大纬度、经度和高度或 X、Y、Z 值，然后单击“应用”以确定兴趣区域。

3）在“重置区域”的选项处，单击“自动”或“最大区域”，软件将自动生成兴趣区域。“自动”意指：按照空中三角测量点云分布，自动计算合适的长方体区域。“最大区域”意指：覆盖所有空中三角测量点云的长方体区域。

4）进入编辑模式，然后点击地图上的位置手动添加兴趣区域的边界点，在高度文本框中输入高度值，以确定兴趣区域。

（2）平移兴趣区域　拖拽已定义的兴趣区域进行平移。

（3）编辑兴趣区域　拖拽兴趣区域边界点调整位置以改变区域形状。

（4）其他信息及设置

1）当兴趣区域为长方体时，页面上方将显示区域长度、宽度及高度信息。

2）展示相机位置：展示/隐藏所添加照片的相机位置。

3）展示区域：展示/隐藏已定义的兴趣区域。

4）若同时进行二维重建和三维重建，可单击【复制区域至三维重建】，将兴趣区域复制至三维重建中，如图 6-14 所示。

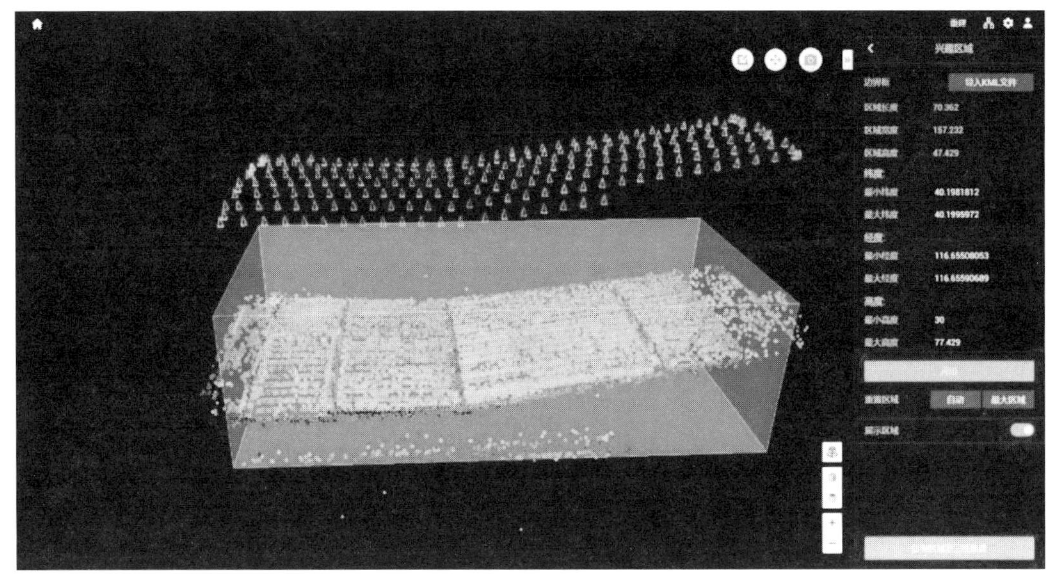

图 6-14　展示兴趣区域

6.3.2　输出坐标系

在二维重建和三维重建时，用户可在添加照片后，设置输出坐标系。若照片不包含 POS 信息，则输出坐标系默认为“任意坐标系”。若已添加的照片包含 POS 信息，二维重建默认设置为该任务所处的 UTM 投影坐标系。需要注意的是，如果刺了像控点，则输出坐标系一定要与像控点坐标系保持一致，否则会出现成果与像控点坐标匹配不上的情况。

6.3.3　分幅输出

当原始影像数据过大时，生产的二维 DOM/DSM TIF 图数据量较大，导入第三方软件时可能出现无法加载或加载较慢的情况，此时建议使用分幅输出功能，将一个大的 TIF 文件规则地裁切成若干个小的 TIF 文件。

单击【分幅输出】按钮，以像素为单位，设置最大切块边长，如图 6-15 所示。

软件将会对 DOM/DSM 成果进行如下分块裁切（以 5000pixel 为例），如图 6-16 所示。

注意：

1）分幅输出的成果图不会替换原来的 DOM 或 DSM 大图，两者并存。

2）存放在对应任务的成果文件夹下：①任务名称\ map \ dsm_tiles；②任务名称\ map \ result_tiles"。

3）分幅输出的切块边长最小值为 1000pixel。

设置相关参数后，单击【开始重建】，即可进行二维重建。

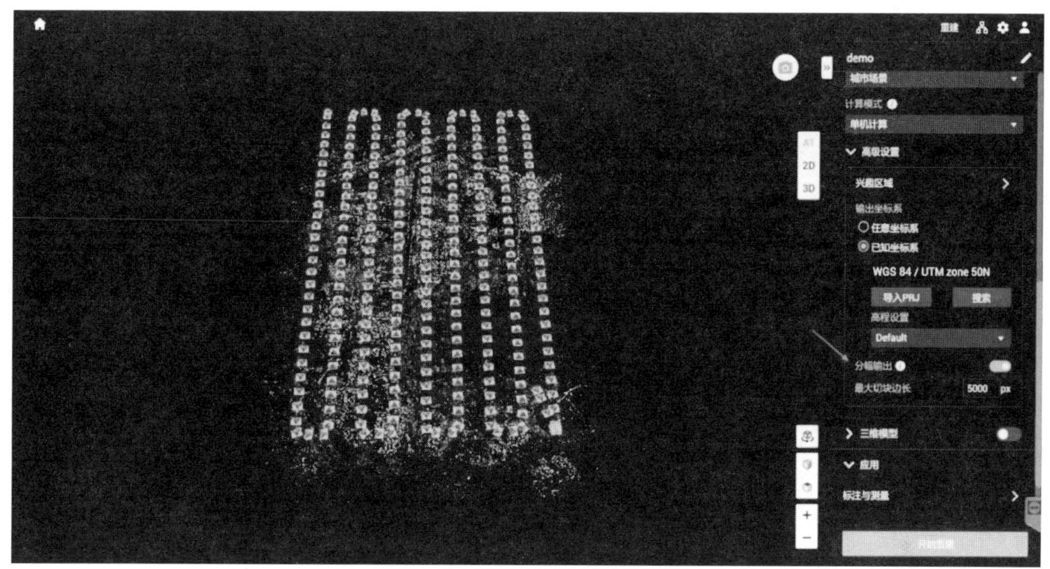

图 6-15　二维重建成果——分幅输出

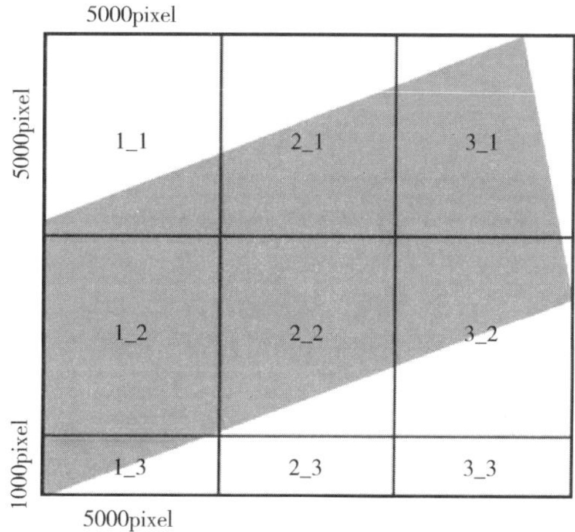

图 6-16　分块裁切

6.3.4　二维地图文件格式以及存储路径

二维地图文件默认存储在以下路径，用户可在设置中更改缓存目录。

C: \Users \ < 计算机用户名 > \Documents \DJI \DJI Terra \ < DJI 账号名 > \ < 任务名称 > \ map \

用户亦可在重建页面使用快捷键 Ctrl + Alt + F 打开当前所在任务的文件夹。成果文件可重点关注：

result. tif：正射影像成果文件（DOM），二维重建最主要的成果。

dsm. tif：数字表面模型，任务区域的高程文件（DSM），每个像素均包含经纬度和高程。

gsddsm. tif：降采样为5m分辨率的DSM，可在M300或P4R仿地飞行时导入使用。

数字文件夹：地图瓦片数据，用于在大疆智图中展示二维模型，瓦片分级标准与谷歌瓦片分级保持一致。

地图瓦片为标准瓦片，如第三方平台需要调用，可根据瓦片调用规范直接调用。

result_tiles文件夹：开启分幅输出后，正射影像分幅裁切结果存放文件夹。

dsm_tiles文件夹：开启分幅输出后，高程文件分幅裁切结果存放文件夹。

成果文件夹中还会有一个.temp文件夹，体积一般比较大，该文件夹存放的是模型重建过程中的中间文件。如果处于重建过程中，或重建完成后还想要做新增格式、修改坐标系等额外操作，则需保留该中间文件。如果重建完成后不需要其他操作，可手动删除该文件夹释放磁盘空间。

6.3.5　二维重建质量报告

重建完成后，单击【质量报告】查看整体情况，可从报告中查看成果分辨率、覆盖面积、重建时间等。需要注意的是，整个二维重建时间应该包括空中三角测量、影像去畸变及匀色、稠密化、真正射影像生成四个步骤的时间之和，如图6-17所示。

影像信息概览

内容	值
影像数量	236
带位姿影像	236
已校准影像	236
影像POS约束	是
地理配准均方根误差	0.018 m
连通区域数量	1
最大连通区域影像数量	236
空三时间	1.179分钟

地图信息概览

内容	值
真正射影像地面采样距离	0.186 m
覆盖面积	0.461816 km^2
平均飞行高度	149.065 m

性能概览

阶段	时间
影像去畸变及匀色	0.317分钟
稠密化	0.200分钟
真正射影像生成	0.383分钟

图6-17　二维重建质量报告

6.4　三维重建

单击【三维重建】按钮，设置相关参数，如图6-18所示。

（1）选择重建分辨率　重建分辨率高为原始分辨率，中为原始分辨率的1/4（即图片长和宽均为原片的 1/2)，低为原始分辨率的 1/16（即图片长和宽均为原片的 1/4)。例如：拍摄原片的分辨率为 6000 × 6000，重建分辨率选择高即为此分辨率，选择中则对应 3000 × 3000，选择低则对应 1500 × 1500。

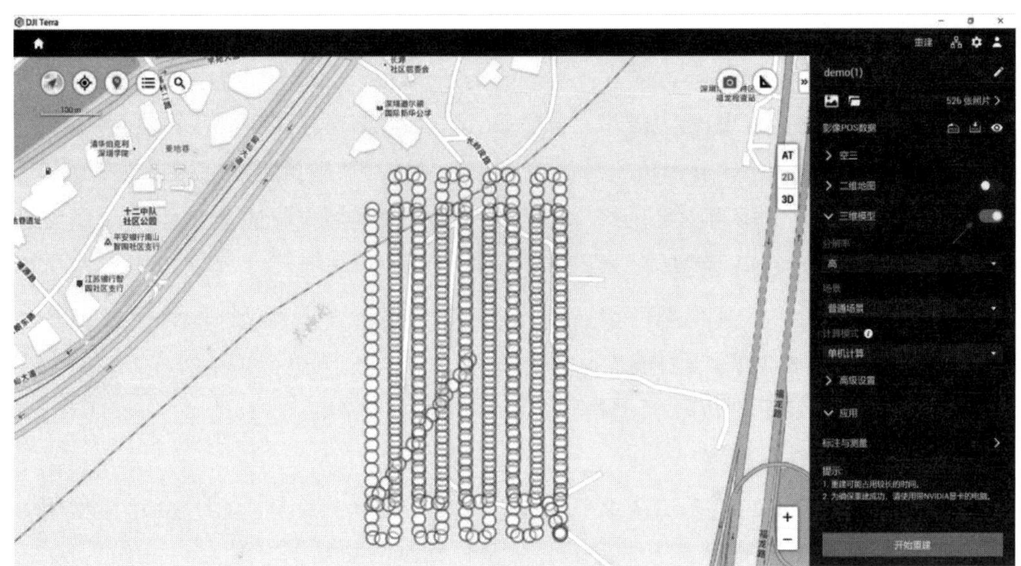

图 6-18　三维重建视图

（2）选择合适的建图场景

普通：适用于绝大多数场景，包括倾斜拍摄和正射拍摄的场景。

环绕：适用于环绕拍摄的场景，主要针对细小垂直物体的重建，如基站、铁塔、风力发电机等。

电力线：适用于可见光拍摄电力线且只想要重建电力线点云的场景。注意电力线场景只生成点云，不生成三维模型。且电力线场景仅对电力版和集群版开放。

（3）选择计算模式　若使用集群版，则可选择集群计算进行重建，能大幅提升效率和处理规模。

6.4.1　兴趣区域

参考“6.3.1　兴趣区域”小节。

6.4.2　输出坐标系

参考“6.3.2　输出坐标系”小节。

6.4.3　成果格式

大疆智图输出的三维成果包含以下格式：

1. 点云

（1）PNTS 格式　默认生成以在 Terra 显示（LOD 点云格式，适合在 Cesium 中显示）。

（2）LAS 格式　ASPRS LASer，三维点云格式，V1.2 版本格式。

（3）S3MB 格式　超图 LOD 点云格式。

（4）PLY 格式　非 LOD 点云格式。

（5）PCD 格式　非 LOD 点云格式。

2. 模型

（1）B3DM 格式　默认生成以在 Terra 显示（LOD 模型格式，适合在 Cesium 中显示）。

（2）OSGB 格式　LOD 模型格式。

（3）PLY 格式　非 LOD 模型格式。

（4）OBJ 格式　非 LOD 模型格式。

（5）S3MB 格式　超图 LOD 模型格式。

（6）I3S 格式　LOD 模型格式。

LOD（Level Of Detail），多层次细节模型，以金字塔形式存储模型，会将模型用若干很小的瓦片进行存储。一般情况下，LOD 形式的模型浏览起来会更快。

设置相关参数后，单击【开始重建】，即可进行三维重建。

6.4.4　三维重建文件格式以及存储路径

三维重建结果文件默认存储在以下路径，可在设置中更改缓存目录，也可在重建页面使用快捷键 Ctrl + Alt + F 打开当前任务的文件夹。

C:\Users\<计算机用户名>\Documents\DJI\DJI Terra\<DJI 账号名>\<任务名称>\models\pc\0

勾选了格式，一般成果文件夹就会以 terra_XXX（XXX 表示模型格式）命名一个文件夹存放该格式的成果，如 terra_osgbs 文件夹存放的是 osgb 格式的三维模型，如图 6-19 所示。

.temp	2022/2/1 15:05	文件夹
report	2022/2/1 15:05	文件夹
terra_b3dms	2022/2/1 15:05	文件夹
terra_las	2022/2/1 15:05	文件夹
terra_osgbs	2022/2/1 15:05	文件夹
terra pnts	2022/2/1 15:05	文件夹

图 6-19　三维重建成果文件夹

成果文件夹中还会有一个“.temp”文件夹，体积较大，该文件夹存放的是模型重建过程中的中间文件。如果处于重建过程中，或重建完成后还想要做新增格式、修改坐标系等额外操作，则需保留该中间文件。如果重建完成后不需要做其他操作，则可以手动删除该文件夹以释放磁盘空间，将不会对成果产生影响。

提示：

1）若同时需要二维重建和三维重建，可同时打开【二维重建】和【三维重建】按钮，软件将会先进行二维重建再进行三维重建。

2）二维重建和三维重建兴趣区域、坐标系等参数可分别设置。

6.4.5 三维重建质量报告

模型重建完成后，可单击【质量报告】查看整体情况，可从报告中查看模型重建各项参数的设置信息。需要注意的是，三维重建包括空中三角测量和 MVS（多视点立体算法，Multi-view stereo）两大步骤，如果要统计三维建模的时间，需要把空中三角测量和 MVS 时间相加。

6.5 后端处理软件

大疆智图生成的二维正射影像、三维模型、点云成果均为标准格式，结合后端应用软件可形成完整的解决方案。

大疆智图成果常见的后端应用包括模型本地浏览、模型线上发布、线划图、GIS、修模、BIM 设计、DEM 生成、输电线树障分析等。下面仅列举了部分后端软件，讲解大疆智图生成的成果如何导入这些软件。

需要注意的是，大部分后端软件都只支持投影坐标的三维模型或三维点云的数据导入，不支持大地坐标，因此建议数据处理时选择一个投影坐标。

6.5.1 模型浏览软件

大疆智图生成的 osgb 模型，可通过第三方轻量化的本地模型查看器进行查看，这类软件基本都具有点云、网格、纹理等多种显示模式，支持路径漫游、动画输出等功能，如想要做模型效果展示，除了在大疆智图中查看之外，可以使用模型浏览器 Acute3D viewer。

Acute3D viewer 是 Bentley 旗下的三维查看器，也称为 CCViewer。支持 osgb 格式的三维模型浏览，可通过纹理模式、网格模式等方式查看三维模型。

大疆智图生成的 osgb 三维模型，会生成索引文件 Model. osgb（这一点是 Context Capture 没有的），为方便模型路径移动之后还能正常查看，Model. osgb 中的索引使用的是相对路径，而 Acute3D viewer 打开 osgb 模型使用的是绝对路径，因此不能直接在 Acute3D viewer 中打开大疆智图的 osgb 模型。正确的打开方式如下：

在大疆智图工程文件夹中找到 terra_osgb 文件夹里最外层的 Model. osgb 文件，选中单击右键，单击属性，选择默认打开方式为 Acute3D viewer，然后双击该文件打开。

提示:

1）只能通过上述双击打开方式才能打开完整模型，其他方式打开只能看到最外层粗糙的 osgb。

2）用 Acute3D viewer 打开 osgb 三维模型时不支持中文路径，请使用纯英文路径。

6.5.2 线划图软件

1. EPS

EPS 三维测图系统，是北京清华山维科技基于自主版权的 EPS 地理信息工作站研发的多源多模式一体化采编系统，如图 6-20 所示。

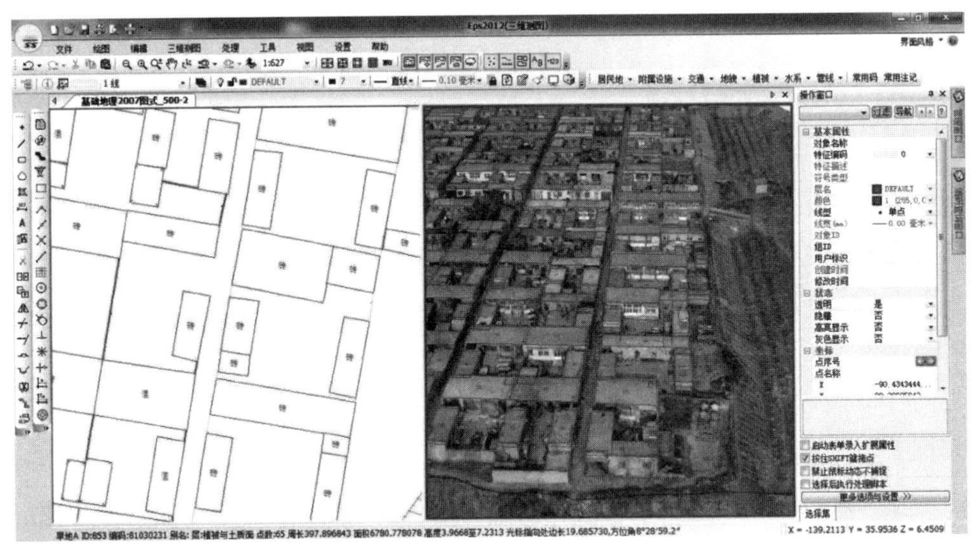

图 6-20 EPS 三维测图系统

系统提供基于正射影像、立体像对、实景三维模型、全景影像、点云等数据的二维、三维一体化高效采编工具，支持大数据浏览以及采编制图建库一体化，直接对接基础地形测绘、自然资源调查、三维不动产测量、多测合一等专业应用。

大疆智图生成的 DOM + DSM 和实景三维模型均可导入 EPS 做线划图生产。下面以 EPS 软件为例，讲解如何将大疆智图生产的模型成果导入 EPS。

（1）基于 DOM + DSM 测图

1）数据准备：在大疆智图二维重建工程文件夹中，找到 DOM（result. tif）和 DSM（dsm. tif）成果。

2）模型转换：打开 EPS 软件，选择“三维测图”选项，单击“新建”，选择合适的处理模板并单击确定。在弹出的对话框中分别输入 DOM、DSM、存储路径，并选择合适的精细度（数值越大越清晰，耗时越久），单击【开始生成】。转换完成后会在目标文件夹生成 dsm. dsm 文件。

3）数据导入：单击【三维测图】【加载垂直摄影模型】，打开上一步转换的成果文件夹，选择“dsm. dsm”文件并单击【打开】，就可以浏览由 DOM 套合 DSM 生成的垂直模型，然后就能基于此成果进行线划图生产等操作了。

（2）基于 osgb 的三维模型测图

1）数据准备：大疆智图三维重建时，勾选“osgb”，在成果工程文件夹下，找到 terra_osgbs 文件夹，即为后续要用到的原始数据。

2）模型转换：打开 EPS 软件，单击【三维测图】【osgb 数据转换】，在弹出的对话框中选择路径名为上述 terra_osgbs 文件夹，原数据选择为“metadata. xml”文件，单击【确定】进行转换。转换后会在原始路径下生成 terra_osgb. dsm 文件。

3）数据导入：单击【三维测图】【加载本地倾斜模型】，选择并打开 terra_osgb. dsm 文件，就可以浏览由三维模型生成的垂直模型，然后就可以基于此成果进行线划图生产等操作了。

2. CASS_3D

CASS_3D 是南方数码自主研发，挂接式安装在 CASS 平台，支持矢量数据与倾斜三维模型数据叠加，并基于三维模型进行 DLG 采集、编辑、修补测的裸眼三维测图软件，如图 6-21 所示。因为 CASS_3D 是挂接安装在 CASS 平台的软件，因此安装 CASS_ 3D 前需保证操作系统内已经安装好 AutoCAD 及 CASS 软件。

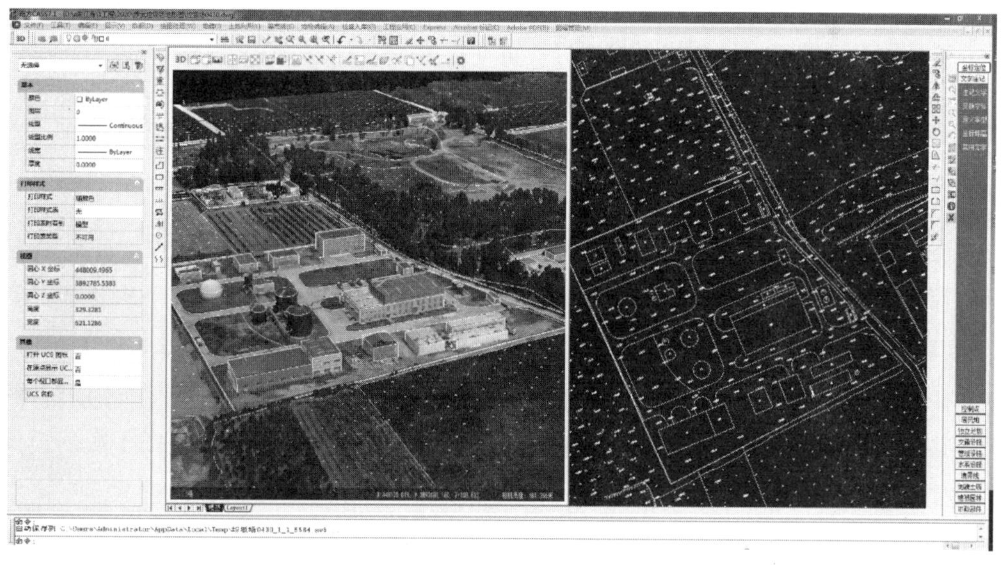

图 6-21　CASS_3D 软件

大疆智图生成的正射影像和实景三维模型均可导入 CASS_3D 做线划图生产。下面以 CASS_3D V2. 0. 3 旗舰版（配套的 CASS 版本为 V10. 1，CAD 版本为 V2016）为例，讲解大疆智图生产的成果如何导入 CASS_3D 测图。

（1）基于 DOM + DSM 测图

1）数据准备：在大疆智图二维重建的工程文件夹中，找到 DOM（result. tif）和 DSM（dsm. tif）成果及其配套的“. prj”和“. tfw”文件。

2）模型转换：打开 CASS_3D 软件，单击“BuildDsm”按钮，在弹出的对话框中分别输入 DOM、DSM 和存储路径，并选择合适的清晰度（数值越大，清晰度越高，耗时越久），单击【开始生成】。会在设置的路径下生成一个 osgb 文件。

3）打开模型：单击【3D】按钮，打开上一步转换的 osgb 成果文件。此文件是由 DOM 套合 DSM 的垂直模型，然后即可基于此模型开展线划图绘制等操作。

（2）基于 osgb 三维模型测图

1）数据准备：在大疆智图三维重建时，勾选“osgb”，在成果工程文件夹下，找到 terra_osgbs 文件夹，即为后续要用到的原始数据。

2）数据导入：打开 CASS_3D 软件，单击【3D】按钮，打开成果路径文件夹，选择“metadata. xml”文件单击【打开】（注意一定要打开 xml 文件，不要直接打开 osgb 文件，否则三维模型将没有地理信息）。然后即可基于此成果进行线划图生产等操作。

6.5.3 GIS 软件

GIS 是地理信息系统的英文缩写，GIS 软件可实现基于二维、三维模型的应用与分析等。想要对数据成果做一些深层次的应用分析，比如将三维模型与矢量图叠加分析、洪水淹没分析、将设计图纸与模型成果对比等，可使用 GeoScene/ArcGIS 软件。

GeoScene/ArcGIS 是美国 Esri 公司旗下的 GIS 平台，是全球最大的 GIS 平台。GeoScene 是 ArcGIS 的国产化版本，由易智瑞信息技术有限公司开发运营，两者的操作功能基本一致。

GeoScene/ArcGIS Pro 提供从云端、浏览器端、桌面端到移动端全方位的空间信息获取、管理、展示、分析及共享能力。平台可无缝加载并管理大疆智图生产的二维正射影像、二维多光谱、激光雷达点云、三维模型成果，这些成果可以在 GeoScene/ArcGIS Pro 平台桌面端直接加载，也可以发布到 GIS 私有/公有云门户后，通过网页和移动设备调用、分析与共享。下面以 GeoScene V2. 1/ArcGIS Pro V10. 8 为例，介绍大疆智图生产的模型如何导入并应用。

正射影像及多光谱：大疆智图执行二维正射影像和二维多光谱重建后，将工程路径下“map”文件夹中的 tif 文件直接拖入 GeoScene/ArcGIS Pro 桌面端软件，即可加载对应的二维正射影像、DSM、多光谱等数据。

激光雷达点云：大疆智图激光雷达点云处理时，勾选“LAS”格式，重建完成后，将工程路径下“lidars \ terra_las”文件夹里后缀名为“. las”的文件直接拖入 GeoScene/Arc-

GIS Pro 桌面端软件，即可加载激光雷达点云成果。

三维模型：大疆智图进行三维模型计算时，勾选“i3s”格式，重建完成后，将工程路径下“terra_i3s”文件夹里后缀名为“.slpk”的文件拖入 GeoScene/ArcGIS Pro 桌面端软件，即可加载三维倾斜摄影模型成果。成果发布到 GIS 云门户：二维正射影像、二维多光谱、激光雷达点云及三维模型成果可以通过 GeoScene/ArcGIS Pro 桌面端软件图层栏右键共享至 GIS 云门户，或将这些成果通过 GIS 云门户页面向导直接上传发布形成在线内容和服务。用户可根据业务模式在 GIS 桌面端、网页端及移动设备端加载调用。

6.5.4 修模软件

三维模型建完后，可能出现水域空洞、空中悬浮物、部分模型扭曲等影响模型美观的现象，此时可使用以下修模软件，对三维模型进行修复，让其更加美观。修模软件也被称为“三维模型的 Photoshop”。

DP-Modeler 是武汉天际航自主研发的一款集精细化单体建模与 Mesh 网格模型修饰于一体的软件。支持三维模型一键水面修复、道路置平、建筑局部修饰、删除底部碎片、植被处理、桥隧修复、城市部件补充等多种修模方式。下面以 DP-Modeler V2.5 版本为例，讲解大疆智图生成的三维模型如何导入 DP-Modeler 进行修模（需注意的是，DP-Modeler V2.5 以下版本不支持修饰大疆智图输出的 OBJ 格式的三维模型，使用时请将 DP-Modeler 升级到 V2.5 及以上版本）。

（1）数据准备　在大疆智图工程文件夹中，找到 terra_osgbs 和 terra_obj 模型文件夹，去畸变影像文件夹 undistort，以及空中三角测量文件“Blocks Exchange UndistortAT.xml”。

（2）照片导入　打开 DPSInmanager 软件，新建解决方案。在【导入数据】下的【影像】中选择【航空影像】，选择大疆智图空中三角测量去畸变之后的文件夹 undistort 中的照片进行导入，如图 6-22 所示。【影像数据类型】勾选“xml 文件”，并选择“Blocks Exchange UndistortAT.xml”文件。如果窗口出现红色提示，则需要更新路径映射到 undistrot 文件夹。照片导入成功之后，即可导出工程模型。

（3）三维模型导入　在 DPSInmanager 软件【导入数据】下的“Mesh”中选择 OSGB 文件夹，勾选“大疆数据”，在【导入 OSGB 文件】时选择 terra_osgbs 文件夹，在弹出的“是否拷贝数据到解决方案目录”选择“是”，然后选择 terra_osgbs 文件夹下的 metadata.xml 文件来设置偏移量。至此 OSGB 数据导入工作完成，如需导入 OBJ 文件，重复以上操作，选择【导入 OBJ 文件】即可。

（4）开始修模　打开 DP-Modeler，选择刚刚配置的文件进行导入，选择 OBJ 修饰，加载块开始修模，如图 6-23 所示。

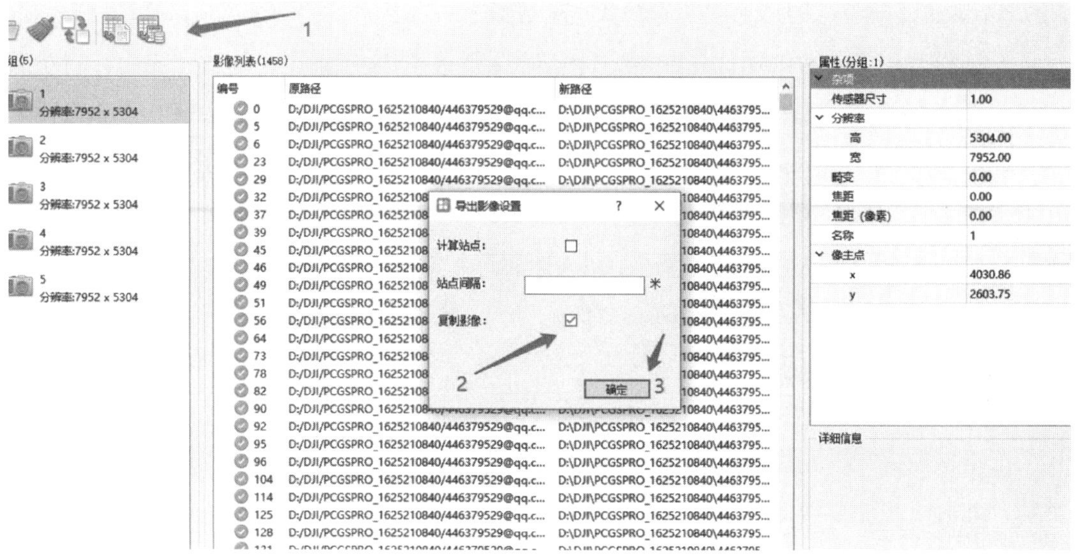

图 6-22　照片导入

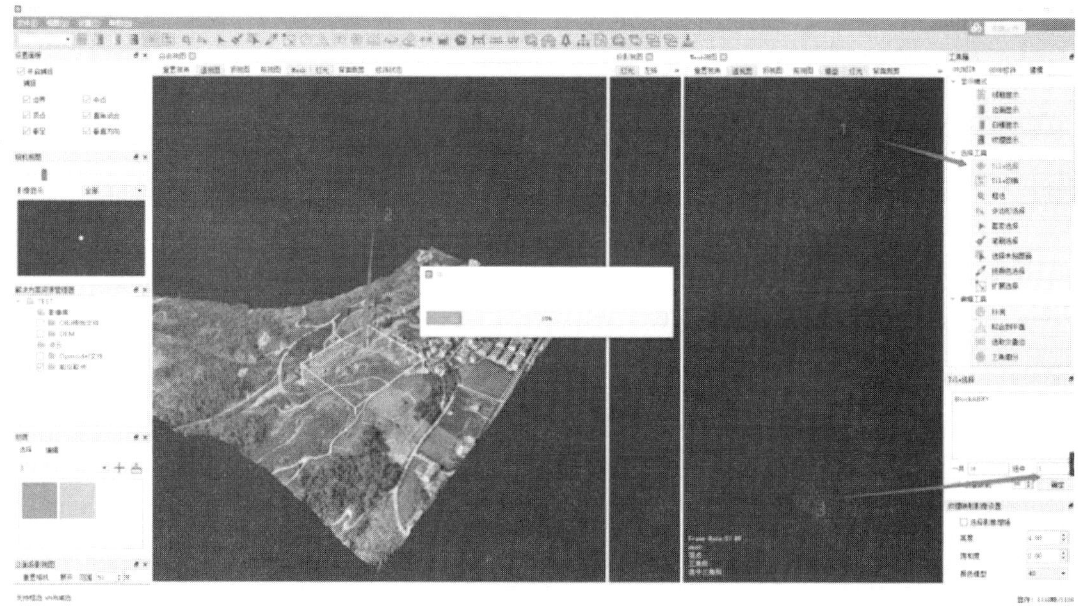

图 6-23　修饰模型

习题与思考题

1. 简述倾斜摄影自动化建模的主要流程。
2. 简述空中三角测量质量报告的主要分析内容。

第 7 章　摄影测量数据成果及应用

7.1　基础测绘领域

7.1.1　行业背景

在地形测绘开展初期，主要以人工定位及测量的方式进行地图的绘制，其工作量大、效率低，如果再遇到一些恶劣天气或极端环境，测绘人员的生命安全往往也无法获得保障。如今基于无人机进行的空中测绘已经被广泛应用在各大行业的地形测绘中，成了新时代以来的新方法。其具备携带方便、使用灵活、作业效率高、受环境影响小等诸多优势，能够快速精准并且高效地实现地理信息相关数据的收集工作。一方面能够降低传统人力测绘的难度、劳累度、危险性和局限性，另一方面也能提高测绘的效率与精准度，降低人力使用成本，进而大幅度提升地形测绘的基本效率。

我国在部署测绘事业发展工作的时候，曾提出“构建数字中国、监测地理国情，发展壮大产业、建设测绘强国”的重要思路，其中提到的“监测地理国情”表明，做好地理国情监测工作，将是我国测绘部门今后长时间内的一项重要工作。而毫无疑问，航空影像获取和遥感监测在地理国情监测中起着无与伦比的显著作用，因此发展和应用测绘无人机将是未来的一大热点。

无人机在测绘中具有非常重要的作用，可以快速获取高分辨率正射影像、倾斜影像，其工作流程如图 7-1 所示。利用数字摄影测量系统快速制作数字正射影像图（DOM）（图 7-2）、数字高程模型（DEM）、数字表面模型（DSM）、数字线划图（DLG）等。其装载的遥感设备可以通过计算机对图像信息进行处理，并可按所需精度要求制作成图像。

7.1.2　应用案例——理塘河甘孜州段基础测绘工作

1. 项目背景

理塘河甘孜州段全长 287.1km，其中 180.7km 的河段位于城区及主要乡镇，需达到 1:2000 的测绘成果要求，剩余位于农村的自然河段，需达到 1:10000 的测绘成果要求。

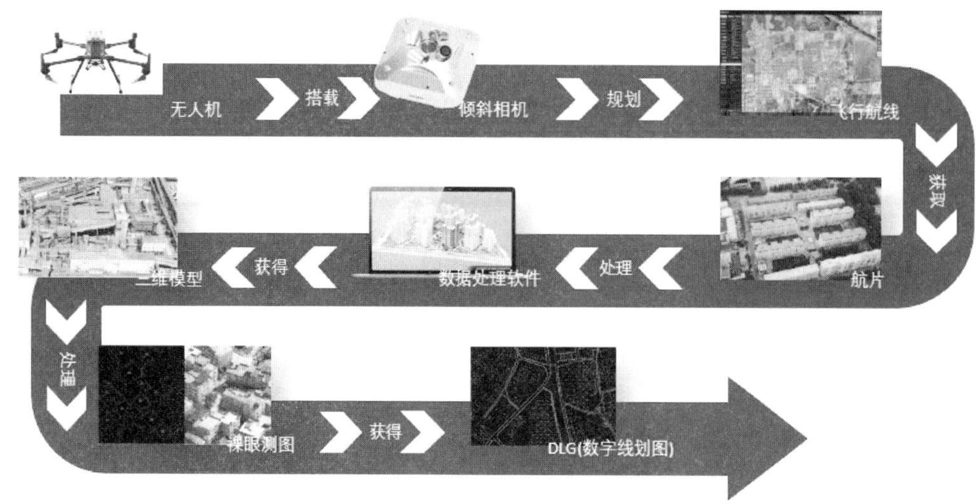

图 7-1　无人机测绘流程

图 7-2　数字正射影像图

2. 难点分析

理塘河甘孜州段位于青藏高原东部，横跨 2 个县、80 余个乡镇，海拔从最低的 3000m 到最高 5000m。高原空气稀薄，容易给无人机造成爬升困难和发动机效率低下的问题，使用小型无人机在高海拔地区航拍，还有失控的风险。

高原地区天气多变，进行作业时虽已是 4 月，但还是以雨雪天气为主，作业时常突遇大风造成无人机悬停或迫降，极端的自然环境对无人机的稳定性以及飞手的操控能力都提出了很高的要求。

3. 实施方案

此次测绘工作使用的精灵 4 RTK，可抗 5 级大风，厘米级导航定位系统和高性能成像系统，便携易用，在高海拔、高寒的环境下，适应性良好。

航测前导入 kml 进行航线规划，设定飞行航高为 200m，航向重叠率 70%，旁向重叠率 80%，实现单日作业约 35km。

除了气候恶劣，整个测区将近一半为无人区，无网络 RTK 信号覆盖，而且大部分测区全是山地，两山夹一沟，山谷斜度至少 70°，根本无法进行像控点布设。本次方案采用云 PPK 解算功能，其不需要实时通信链路，无须架设基站，通过使用云基站数据就可进行差分解算，作业完成后直接通过云 PPK 服务解算出厘米级定位数据，如图 7-3 所示。面对这类长距离、大范围作业，云 PPK 解算功能不受距离及通信限制，可以轻松飞抵人员难以到达的区域进行数据采集。

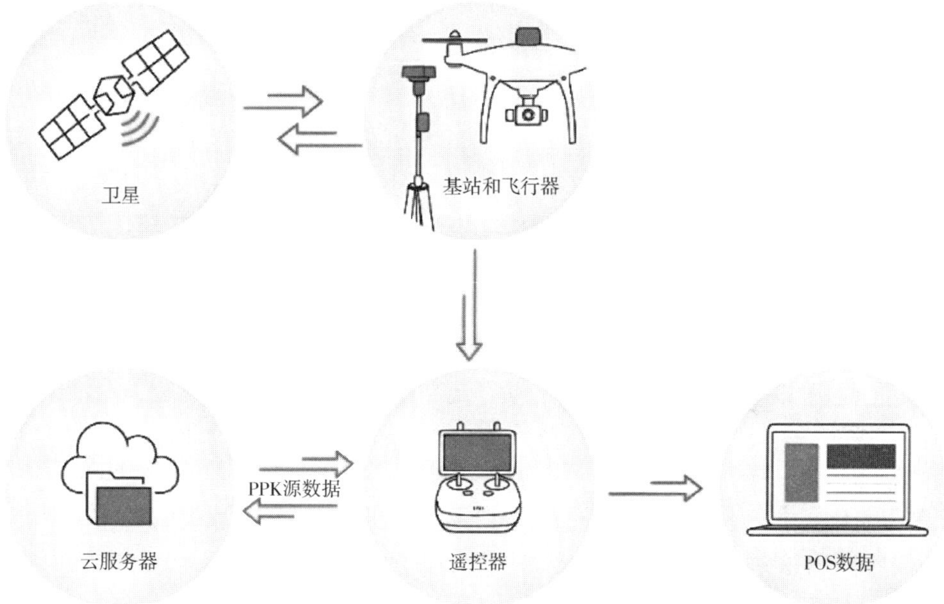

图 7-3　云 PPK 解算服务

单日作业结合当天天气情况，平均每日航飞作业时长约 6 小时，晚上利用大疆智图软件高效建模，单台计算机当天即可完成白天航拍影像的三维模型生产。工作人员可及时检查是否丢片以及对精度进行验证，有效避免重回测区返工的情况，大大提高了作业效率。在工期紧、任务重的情况下，整个 287. 1km 的理塘河甘孜州段仅用 25d 的时间就完成了所有的内外业数据生产。

4. 成果展示

本次的测绘工作成果如图 7-4 所示。

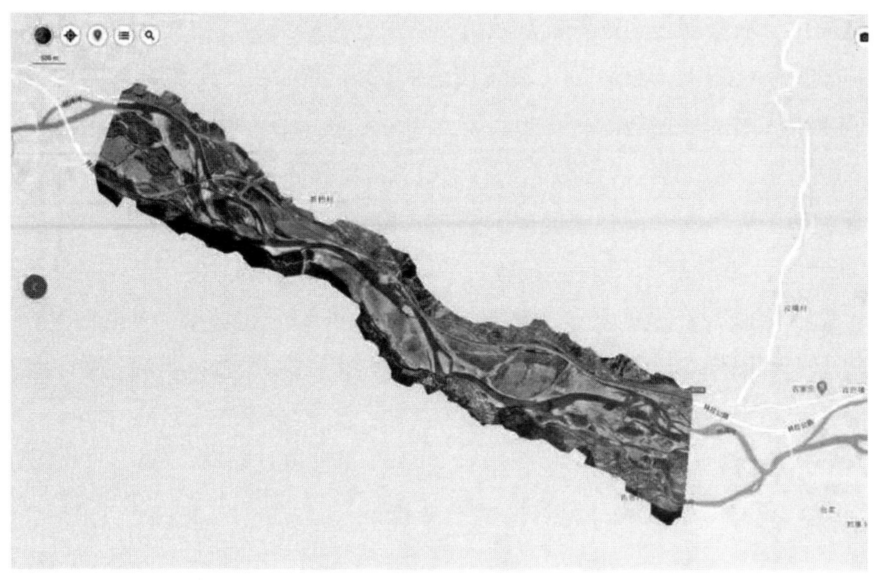

图 7-4　理塘河甘孜州段三维数字模型

7.2　数字城市领域

7.2.1　行业背景

无人机能够实时获取空间信息，是建设完善数字城市时空数据库的重要手段之一，同样也是时空一体化平台重要的感知层设施。借助无人机技术能对城市当中事件、人、设施和环境等不同要素进行实时动态监控，便于随时采集信息，为数字城市建设提供丰富的信息。

1. 无人机技术在时空数据库建设中的应用

地理信息数据作为时空数据库的核心数据之一，是其他类数据的基础。无人机测绘是地理信息数据采集的主要方式。可通过无人机平台搭载正射镜头、倾斜镜头、全景镜头、激光雷达和视频镜头等设备采集正射影像、倾斜三维、720°全景、基础地形和高保真视频等基础数据，推进数字城市全生命周期的全要素迭代。通过无人机技术建设城市三维场景，可为数字城市建设提供新的解决方案与一体化服务，且正逐渐成为城市空间数据框架的重点。通过无人机多源影像数据采集，借助人机交互建立三维模型，可以准确复原建模细节的构成，便于输出高空间分辨率的真实的三角网格模型，减少城市三维建模成本。

2. 无人机技术在时空一体化平台建设中的应用

感知层是时空一体化平台感知城市信息的重要手段，而无人机是重要的感知方式之一，可快速应用于城市管理中的各个领域。

1）环境监测。采用多光谱摄影技术以及传感器监测噪声、灰尘、污染物、温度等环境因素，并生成实时的数据与分析报告，方便管理者进行监控和调整。

2）交通管理。无人机可以实时收集交通情况，包括拍摄交通指示牌，识别道路规则和预测交通拥堵程度等，并为管理者提供解决方案。

3）安全监管。无人机可以搭载高清摄像头进行监视，对于城市中的危险情况可以实时发现和处理，确保城市的安全。

利用视频实时回传技术，建立系统平台与无人机的信号传输机制，实现无人机感知信息与系统平台的融合展示，提升对城市周边环境进行探测和感应的速度，能够全面对城市的各个角落进行动态感知。

3. 无人机在低空摄影测量技术中的应用

就测绘工作而言，无人机低空摄影测量技术相较传统的航空摄影技术以及卫星光学遥感摄影技术，具有明显的优势。

传统的航空摄影或者卫星光学遥感摄影，在拍摄过程中受城市内部一些超高层建筑体遮挡或高空云层的影响较大。当摄影设备遇到较厚的云层时，云层会遮挡拍摄镜头，导致所收集到的图像信息缺乏真实性。而无人机低空摄影测量，无人机设备可以在较低的高度环境飞行，在整个摄影和测量过程中不会受到高空云层遮挡等因素的干扰，所获得的测绘图像信息具有更高的可信度。通过无人机低空摄影技术的应用可以实现从不同角度、方向获取城市内部不同建筑体的地理位置信息，因此在整个城市测绘工作中抗干扰优势非常明显。

在城市测绘工作中，对数据精确度要求相对较高，相较于其他的测量技术，无人机低空摄影测量技术的应用可以更好地满足测绘单位的工作要求，同时在整个测绘工作中具有良好的安全性和灵活性，且无人机在工作过程中受到外部环境变化因素的影响相对较小。这些优势使无人机在低空飞行摄影过程中，可以对城市内部一些复杂区域的建筑影像资料进行准确收集。

总体而言，无人机可以开启智慧城市管理的新视野，高效地帮助城市管理者进行城市管理，提升城市管理效率和城市居民的生活质量，无人机的广泛应用将大大提高城市管理的效率和准确性，给城市管理者带来很大便利。同时它还能与大数据、云计算、人工智能等技术相结合，进一步拓宽城市管理视野。

7.2.2 应用分析

1. 空地一体巡检，违建一览无遗

违章建筑隐秘性高，分散广，向来是城市管理的一大难点。但通过无人机巡检，执法人员就能实现快速定位，找到违建点进行执法，如图 7-5 所示。

通过无人机搭载测绘相机，采集城市数据，建模软件根据采集到的图像进行分析建模和算法分析，生成正射图和数据报告，报告可详细罗列违建的类型、坐标、数量、位置等信息。

图 7-5　无人机空中巡检

2. 市容巡查

为保障城市的美好环境，节约执法人员巡查成本，市容巡查服务也已经正式上线。只要通过一台无人机搭载上可见光相机和喊话器。执法人员就能通过远程操作获取到目标区域的详细情况。

3. 打下数字孪生基础，完善城市管理助手

当无人机搭载上测绘相机，即可采集城市片区的数据，通过建模软件生成城市三维模型图，并按网格进行划分，如图 7-6 所示。

图 7-6　城市数字管理平台

通过管理平台，可对每个区域内的具体事件进行监控和管理。时刻掌握每个区域的动态。在面对紧急事件时帮助管理人员做到有效快捷的部署。

同时获取的城市三维模型也能为城市建设添砖加瓦，通过建模软件，帮助建设人员了解城市建设情况、规划建设方案，为智慧城市提供数据支撑。融合无人机应用与空间数据交互技术后，可赋能城市管理各大场景，实现精细化、可视化的管理，助力城市智能化管理。

7.2.3 应用案例——广东珠海航飞项目

1. 项目需求

地面分辨率：山地 5cm/城区 3cm。

测量精度：山区，平面 10cm，高程 15cm；城区，平面 6cm，高程 10cm。

像控点布设数量：543 个（其中控制点 11 个，检查点 45 个）。

要求航片进行匀色操作。

输出成果：航拍正射影像图、匀色且修饰后的模型。

工期 40d，外业 15d。

2. 难点

精度要求高。

山区路面崎岖，像控点布设难度大；城区高楼较多。

地形落差较高，航飞技术要求高。

地处两个机场中间，测区内部各种政府特殊机构，起飞需报备。

项目测区内水域特别多，修模难度大。

工期紧，项目范围大，测区面积共 110km^2（不包括水面）。

3. 项目实施

航飞组：10 架飞机，8 套作业，2 套备用，备用镜头若干。

像控组：2 组人员 7d 完成像控点布设以及检查点、控制点的布设，每天可完成 120 个像控点。

配合：像控组提前进场 2～3d，布设像控，航飞组随后跟上，像控组完成指定的任务迅速加入到航飞组。

数据内业组：大面积空中三角测量建模软件，300 台规模的服务器集群，10 套修模软件，空中三角测量 1d 完成 8 万张。

4. 成果展示

工作成果如图 7-7、图 7-8 所示。

图 7-7 珠海城市数字影像图

图 7-8 珠海城市三维模型成果

7.3 智慧工地领域

7.3.1 行业背景

智慧工地是智慧地球理念在工程领域的具体体现，是一种崭新的工程全生命周期管理理念，随着信息全球化的快速发展，国家越来越重视对基础建设工程信息化的监管，并在贯彻落实国家关于抓安全生产相关文件的重要批示中提出，进一步加强建筑工地安全监管，运用CIM、BIM、物联网设备、无人机和其他尖端技术等，建设智慧工地综合管理系统，如图7-9所示，着力解决监管过程中存在的力量不足、手段不多、信息化滞后等问题提供更加便捷的帮助，从而对建筑工程施工现场进行7×24小时的实时在线监管。

图7-9 基于无人机的建筑三维模型

目前，已经有越来越多的建筑项目应用到无人机，甚至高危施工作业也由无人机来替代。无人机在建筑行业的应用价值前景巨大，早在2018年广州就有超过1300个建筑工地实现了全覆盖无人机巡查，运用高科技手段巡查工地各类违规问题。

7.3.2 应用分析

1. 解决“看”的问题

为提高施工现场管理效率、降低人力和管理成本、减少安全事故，建筑项目可开展无人机技术应用，借助无人机低空遥感技术，快速获取道路建设施工现场数据信息，增加对

“高、陡、滑、深、远”等复杂作业点的检查，减少人员在危险环境的作业，另外通过对现场原貌进行三维还原，实现数据可追溯。从工程质量、安全及进度三个方面实现项目建设的施工信息化管理，如图 7-10 所示。

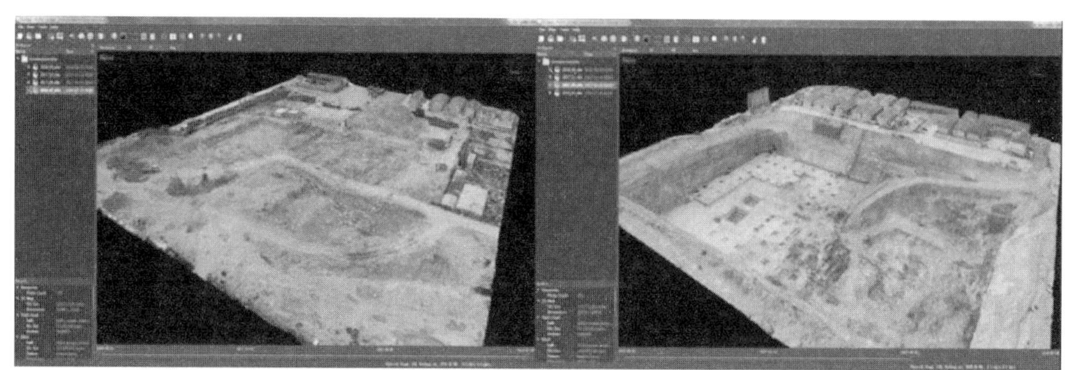

2016-12　　2017-06

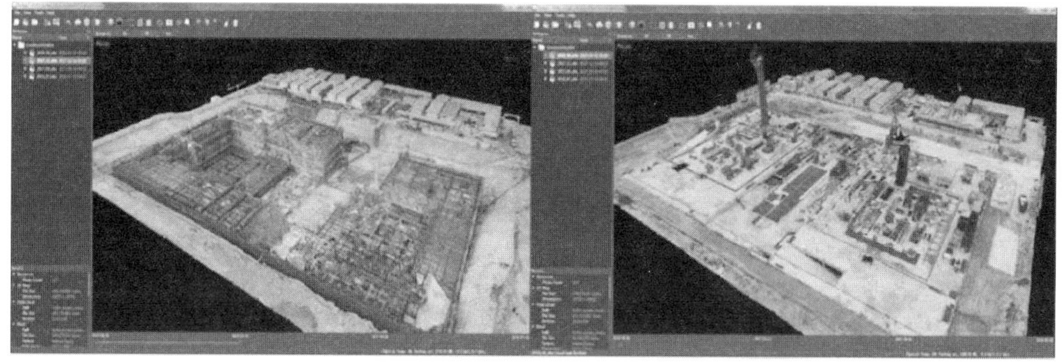

2017-12　　2018-06

图 7-10　不同时期施工场地对比

通过移动网络，将无人机航拍施工现场情况传回项目部、公司、集团，各级管理人员可通过监控中心、PC 端、移动端进行查看，及时了解现场情况，实现空中远程监控。

2. 解决“测”的问题

传统土方测量方案往往通过全站仪和 RTK 等设备进行采集，其成果为高程点，并通过大量离散高程点来模拟地形。其具有测量周期长、测量条件受限的特点，且仅以少量测量点做整体拟合，其采点受到测量员经验影响，主观性大，且难以进行复查。

无人机量测土方量的优势，一方面体现为真实性，其基于三维点云或者三维模型进行测量，真实有效且易于重复，其拟合地形的三维点数量通常是传统测量手段的百倍以上；另一方面体现为高效性，无人机全自动采集相比于人工打点采集，其数据采集效率可提升几十倍，且测量精度可达到厘米级，测量成果数据可靠，不可篡改，如图 7-11 所示。

图 7-11 土方量计算

通过无人机进行土方量量测具体步骤如下：

1）无人机搭载倾斜摄影测量系统采集获取详细影像数据。

2）数据导入专业处理软件，一键生成点云数据，自动模拟空间框架。

3）自动生成三维点云模型，并渲染出真实纹理，导出通用三维点云模型数据。

4）计算点云数据的体积，即可得到土方体积。

3. 建筑领域其他应用

道路平纵横设计技术应用：利用全线进度采集的数据进行全路段土方量计算，掌握土方施工进度、各段落剩余填挖方量，便于动态组织土方调配以及快速准确计量土方量。

边坡的应用：采集边坡数据，生成正射影像图、三维点云等数字成果，进而获取坡口线、坡率、防护情况、边坡病害等重要的进度、质量、安全方面的海量信息，及时发现质量隐患，减少工程损失。

弃土场的应用：采集弃土场实时数据，生成正射影像图、三维点云等数字成果，进而获取弃土前、弃土后两个阶段的高程数据、防护质量等情况，并辅助核查弃土方量。

桥梁方面的应用：可采集桥梁实时数据，生成正射影像图、三维点云等数字成果，进而获取护筒/桩基中心坐标、盖梁顶标高、盖梁轴线偏位等重要的进度、质量、安全信息。

临时工程复绿面积计量的应用：获取临建场地复杂地表的面积（即复绿面积）数据，为计量结算提供准确的基础数据支撑。

绿化工程的应用：用无人机挂载可见光相机、多光谱相机对绿化工程进行数据采集，获取正射影像、NDVI 指数地图等，为绿化工程评定验收提供数据支持。

7.4 道路交通领域

7.4.1 行业背景

传统的道路工程测量，以“常规仪器＋人工测量”为主，由于点多线长，测量人员需要进行相关等级与数量的测量控制点的布设，测量效率非常低。而无人机倾斜摄影测量技术的应用，则可以获得“人在空中数据尽收”的效果，并使得测量效率得到最大限度的提高，如图 7-12 所示。而且，这一测量技术还可代替测量人员的地面测量作业，测量过程不再受到现场不利环境条件的影响，测量质量更有保证。

图 7-12 道路桥梁三维模型

此外在道路工程测量的外业作业中，可对无人机作业、调绘辅助测量、GNSS-RTK 辅助空中三角测量导航与定位技术进行充分的应用，不仅可减少地面控制点的布设数量，还能缩短外业作业时间。与此同时，还可借助现代化科学技术的优势，提高测量数据的可靠性与精确度，实现道路工程建设效益的提高。

7.4.2 应用分析

1. 在道路选线、定线中的应用

无论是道路新建工程，还是旧路重建工程，都需要进行道路选线、定线，并利用带状图对现场的水文、地质条件进行判断。将无人机倾斜摄影测量技术应用到这一过程中，可以明显降低道路工程建设成本，优化道路修建方向。

（1）山岭区道路工程测绘　需要对以下要素予以重点考虑：上岭线和下岭线、路线填挖量、路线偏离度、放坡、路面阴阳位置和排水管道设计等。

首先，无人机倾斜摄影测量技术可以将山岭区的地面全貌直观地展示在设计人员面前，使其可以根据现场的实际情况，进行多条建设路线的设计。其次，利用路线填挖量、路线偏离度等要素，对这些道路建设线路设计的科学合理性进行分析，并从中选择一条可行性最高的线路设计方案。再次，在实际的放坡与计算填挖土方量的时候，测量人员需要参照遥感影像，完成道路选线、定线。最后，以道路为中心形成带状定点路线，形成一级控制点，然后再利用 PTK 开展实地测量，获取更多的数据，为道路工程的施工建设提供支持。

（2）平原区道路工程测绘　平原区没有山体、植被等大面积遮挡物，所以道路工程建设的选线、定线难度较低。但是，在平原区进行道路工程的施工建设，需要对以下要素进行重点考虑：道路工程的建设成本、道路的转弯曲线、高压塔、附近村庄、已有道路和其他地物等。

（3）丘陵区道路工程测绘　与山岭区、平原区的道路工程选线、定线相比，丘陵区的选定任务更加繁重。因为丘陵区的地势起伏较大，水文条件不够明确，且存在着很多转弯现象。如果使用传统的测量方法，需要在整个施工现场进行实地测量，不仅需要投入大量的人力和物力，效率还比较低，而无人机倾斜摄影测量技术的应用则显露出了明显的优势。

首先，无人机倾斜摄影测量技术可以沿着丘陵区道路观测相应的地势地貌特点，并获得相对完整、立体的图像。其次，根据这些图像对道路工程施工现场的实际情况进行实地分析，可以明显减少外业勘探次数，减轻工作人员工作压力。最后，对道路建设进行分段，每一段区域的道路建设都可以结合图像确定出最佳的施工路线，并为后期施工打好基础。

2. 在道路横纵断面测量中的应用

无人机倾斜摄影测量技术在得到空中三角测量处理后就可以生成 DEM 图像和 DOM 图像。在道路横纵断面测量过程中，测量人员可以直接借助 DEM 图像的辅助作用，对高程差进行判断，进而给出切实可行的施工方案。

无人机倾斜摄影测量技术可以生成 DEM 图像，并对道路施工各部分的高程差进行判定，为坡道、曲线及转弯等施工问题的处理与解决提供帮助。

操作流程如下：

1）对外业获取到的图像和数据进行内业处理，然后对外业测量所获得的特征点进行分析，并在此基础上完成影像配准。

2）对道路工程的施工需求进行分析，然后对 DEM 图像进行内插运算，从而将道路路线的高程变化进行具体而全面的反映。

3）利用内业软件将具有横断面特点的部分筛选出来，并对相应的倾斜角度进行确定，提前准备基础材料，为横断面的有效处理提供保障。

在筛选完测区横断面之后，测量人员只需要在重点区域布测，对周围环境进行观察，就可以从数据层面支持横断面的施工设计工作，并保证横断面的效率与精度。

7.4.3 应用案例——某沙漠公路

该项目地点在新疆某沙漠地区，需要采集的道路总长约480km，项目要求在15d内完成整个目标区域的原始数据获取，如图7-13所示。

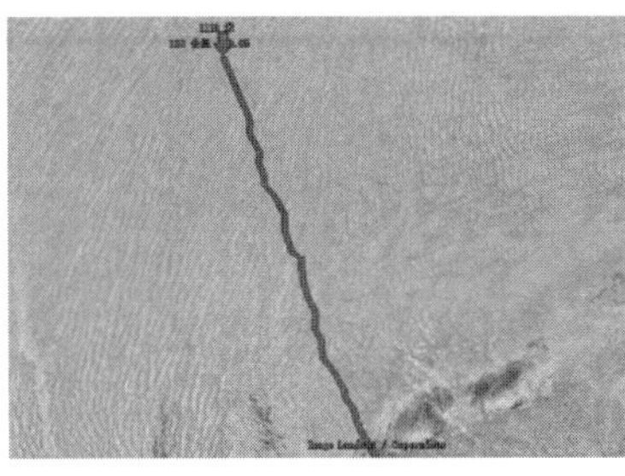

- 长度180km（10km有人区）
- 带度1.2km
- 高差约200m
- 点云优于10pts/m²
- 高程优于10cm

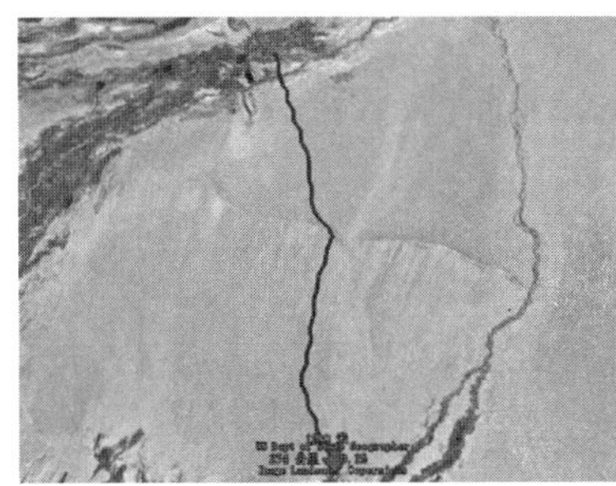

- 长度280km（30km有人区）
- 带度1.2km
- 高差约200m
- 点云优于10pts/m²
- 高程优于10cm

图7-13 测区基本情况

整个项目具有以下难点：

1）作业周期紧：15d内完成。

2）无人区作业起降场地选择（全是沙漠，没有公路一般车辆无法行驶）。

3）天气寒冷，白天作业时温度低至-10℃（空中作业时移动平台及设备整体温度会更低）。

4）无人区内无法架设控制点问题（后差分解算基线距离大于20km精度控制问题，沙漠区域不需要控制点）。

工作成果如图7-14、图7-15所示。

图7-14 沙漠区域点云数据

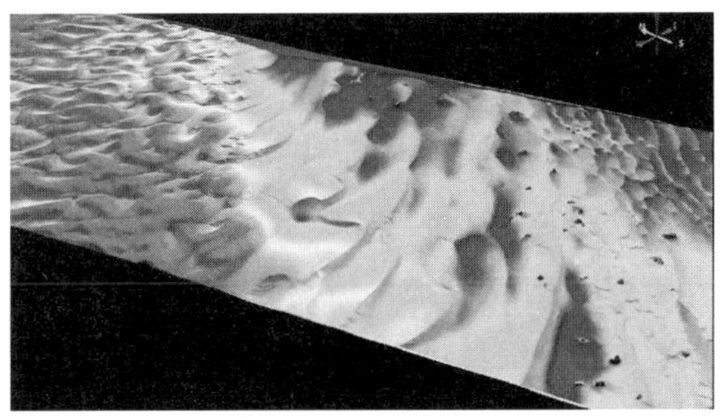

图7-15 测区DEM产品

7.5 地质灾害领域

7.5.1 行业背景

地质灾害应急调查是开展地质灾害应急处置的重要依据，对于开展抢险救援和避免次生灾害具有重要作用。无人机航测技术可快速获取高分辨率影像和高精度数据，生成DEM、正射影像图和三维数字模型等可视化数据，对于掌握孕灾地质条件、地质灾害体规模以及地质灾害发育特征具有重要作用，为下一步查清地质灾害形成机理，开展地质灾害应急救援及处置提供决策依据。

以滑坡监测分析为例，传统的监测方法采用水准测量及RTK等手段，需要到现场进行测量，不仅危险且耗时长、效率低，目前主流的监测方式为自动化全站仪结合棱镜或布设GNSS观测站做自动化监测，时效性强。不过其为单点式监测，站点之间的位移需估算，存在监测盲区和安全隐患，需平衡成本和站点密度。如使用无人机航测通过贴近摄影测量或机载LiDAR做全区域航测，通过周期性的数据对比，即可得到全区域形变量，其观测模式为面状监测，所有的区域都可以被监测到，消除监测死角。其大大节省监测运营成本，让危险隐患无处遁形，可以作为传统方式的一个有效补充，能对传统方式测不到的区域进行补充监测，如图7-16所示。

单点式监测

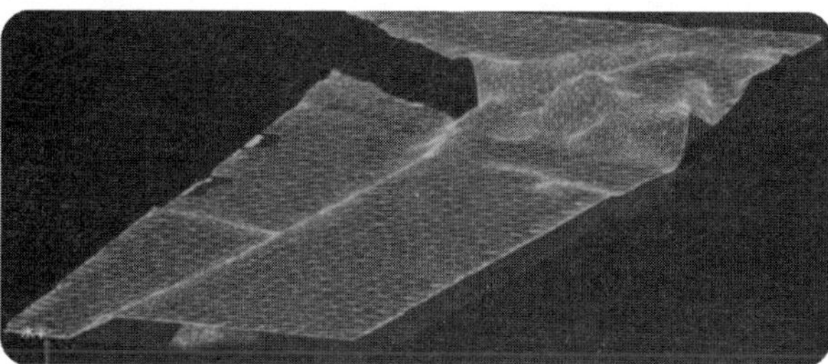

无人机监测成果

图7-16　露天边坡监测手段对比

此外在监测预警领域、应急预案规划和事故后的指挥决策上，无人机航测相比传统的监测方法也具有明显的优势，见表7-1。

表 7-1　无人机航测与传统方法对比

应用场景	传统方法	无人机航测	解决的问题	价值
小范围/重点区域的山体变形、滑坡监测/预警，及时发现隐患点，做滑坡预警	InSAR［干涉式合成孔径雷达，例如欧空局 Sentinel-1A（哨兵）雷达］，免费，12 天/次，精度高（cm/mm 级），时效性差，分辨率低，适合大范围监测 地基版合成孔径雷达和架站式三维激光扫描仪，成本高，精度高，时效性强，分辨率高，适合小范围，细微变化场景使用	使用无人机航测通过贴近摄影测量或机载 LiDAR 做全区域航测 成本低，精度满足需要（5～10cm），适合裸露岩体或植被稀疏场景下的山体滑坡监测	大大降低成本，时效性高，监测频率灵活，可每小时/天/周等灵活航测并出具形变报告	让地灾监测步入“平民化”时代，革命性的价格让小单位也可以承接地灾项目，未来更多单位的参与可以让危险无处遁形
应急预案规划：提供基础数据，规划滑坡后逃生路线	采用老旧/低精度卫星影像图片，地物更新不及时，无法准确规划，甚至会产生错误	采集危险区域周边实时地形数据，生成高精度正射影像图	为应急预案提供实时、准确的规划依据	实现科学规划，安全规划
事故后指挥决策：滑坡发生后需要快速、精准计算塌方量	采用架站式三维激光扫描仪进行远距离扫描 需找到合适的架站场地，并且一站无法完成全面覆盖，距离越长精度越差	在滑坡区上空采集正射影像或 LiDAR 数据	不受地面环境的影响，能够快速（0.5～1h）生成所需的数据，快速、精准、安全地计算塌方量，用于指挥调度工程车辆	有助于提升指挥决策水平，高效、精准利用有限的救灾资源

7.5.2　应用案例 1

背景：地处贵州西南的纳雍县鬃岭陡崖带东侧危岩带区域地形陡峭，植被茂密，仅通过传统的人工调查手段无法精准获取危岩带灾害体的特征信息。为进一步加深对灾体的识别与基本特征信息的获取，贵州地质工程勘察设计研究院开展纳雍县鬃岭陡崖带东侧危岩带区域的三维数据采集工作。

无人机采集方案：

1）利用 M300 RTK + 五镜头对测区进行大面积三维模型采集。

2）针对陡崖垂直立面，采用精灵 4 RTK 进行贴近摄影测量。

3）M300 RTK + 激光雷达与地面三维激光扫描等工作手段完成对崩塌体节理、裂缝等关键结构面的精确识别。

4）结合大疆智图生成的实景三维模型和三维激光扫描数据完成危岩体识别。

成果如图 7-17、图 7-18 所示。

图 7-17　测区位置

图 7-18　测区三维模型

7.5.3　应用案例 2

某地区泥石流地质灾害发生后，无人机快速出动对灾区的状况进行调查，获取高分辨率航空影像数据，可以将灾区的状况、信息以及相应的损失进行有效的收集汇总，并为救援工作的有效开展提供依据，也可对灾区的位置、范围，灾害强度，建筑物以及基础设施的破坏程度进行确定，以便为灾后灾情速报、地灾损失快速评估提供及时、准确的信息，为救灾减灾提供决策依据，这也就在一定程度上提高了救援的效果与质量。

救援部队通过正射影像快速定位灾区范围，及时进行应急救援方案部署。救援方通过正射影像，规划出最短行程的、未受灾的、道路通行力最好的救援路线。并对可能再次遭受泥石流的地区圈分，进行群众疏散。

针对泥石流灾害集中区，如图 7-19 所示，无人机搭载倾斜载荷，对灾区进行三维重建，获取灾区的整体状况以及泥石流受灾面积。通过模型反馈的情况，救援人员对灾区的位置、范围，灾害强度，建筑物以及基础设施的破坏程度进行确定，为救灾减灾提供了决策依据，如图 7-20、图 7-21 所示。

图 7-19　泥石流地灾正射影像图

图 7-20　泥石流三维实景模型

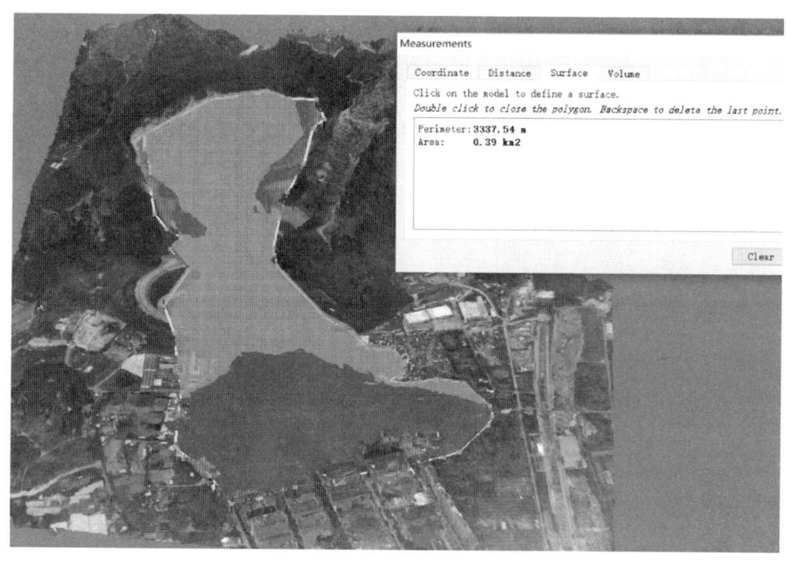

图 7-21　泥石流受灾面积量测

7.6　矿山监测领域

7.6.1　行业背景

我国是世界矿产资源最为丰富的国家之一，部分矿种储量居世界前茅，丰富的矿产资源给国家相关部门的监督、管理带来很大的挑战。存在无证勘查和开采、乱采滥挖、非法转让探矿权和采矿权、经营粗放造成浪费资源、破坏环境等突出问题。传统监测管理方法多以野外测绘、手工计算为主，虽有遥感卫星提供影像资料，但分辨率低，难以准确地获取矿区的实际情况，对重点区域难以进行高精度、高频度监测和管理。

7.6.2　应用分析

1. 矿山地表监测分析

随着采矿活动的进行，矿区的地表形态一直都在发生改变，所以生产部门必须时刻了解矿区变化情况。但卫星遥感影像在时效性和精度上都不能满足其需求，这就需要新型的测绘技术来满足需要。

无人机测绘技术能够很好地记录矿区不断变化的地表形态，通过 iFly V10 复合翼无人机挂载 Z130 正射载荷生成高精度数字成果，以此来判断地形地貌变化，可以根据多期数据进行对比分析，及时规划未来施工方向和避免危险的发生，还可以存档保留影像数据，方便工作人员随时回看查询，如图 7-22 所示。

图 7-22　两期对比矿区正射影像图

2. 计算矿区变化量

如图 7-23 所示，对无人机采集的数据进行处理，生成高密度点云数据和高精度数字表面模型为土石方测算等提供更加精细准确的计量手段。不同时期对比相同区域的数字表面模型，比较开采情况，了解矿山开发现状，实现矿区动态监测，为重大矿山事件提供快速应急响应能力。

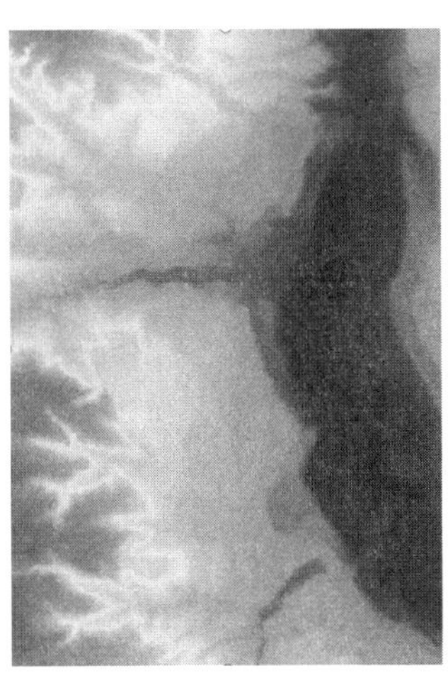
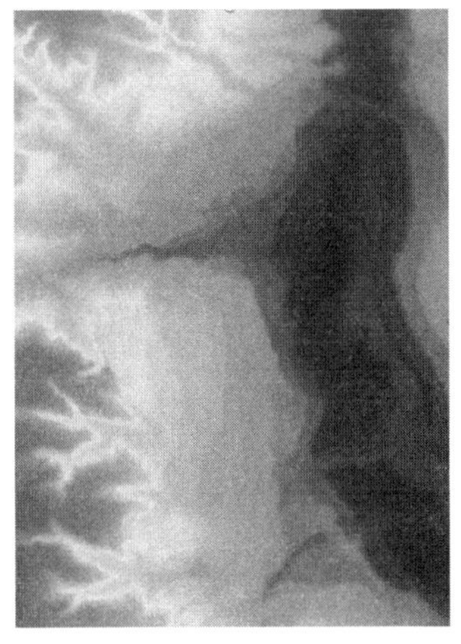

图 7-23　两期对比矿区 DSM 影像图

3. 精准识别

高分辨率的正射影像能够对矿区土地利用类型、地表裂缝、违建厂房等实现精准识别。

工作人员可迅速判断出地形地貌、植被分布、土地利用、建筑物分布等全面客观的情况。配合地面管理软件可为矿产资源开发整体状况提供决策支持，监督整个矿区的工作进程。为矿区开采规划、开发利用、土地复垦等提供依据，如图 7-24 所示。

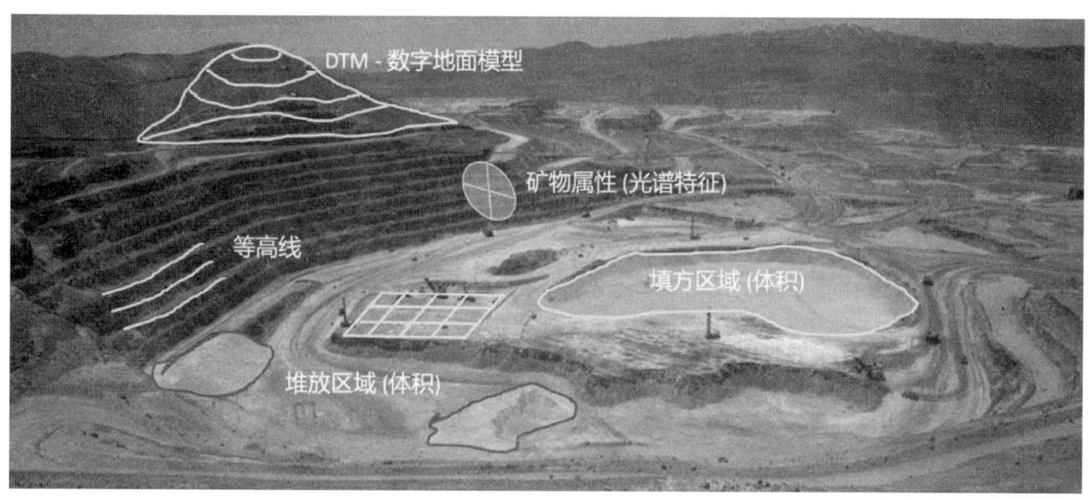

图 7-24　识别矿区违建厂房

4. 矿山修复

在煤矿开采的同时不可避免地带来了生态破坏的副作用。正射影像具有精准的定位和尺寸，工作人员可以快速聚焦有问题的区域，通过定时定点的监管，因地制宜地开展环境保护工作。通过不同时期的影像对比，评估矿山生态环境信息包括破坏土地范围、受损植被范围、粉尘污染范围、水体污染范围、荒漠化范围、土地复垦范围及矿山环境治理效果，如图 7-25 所示。

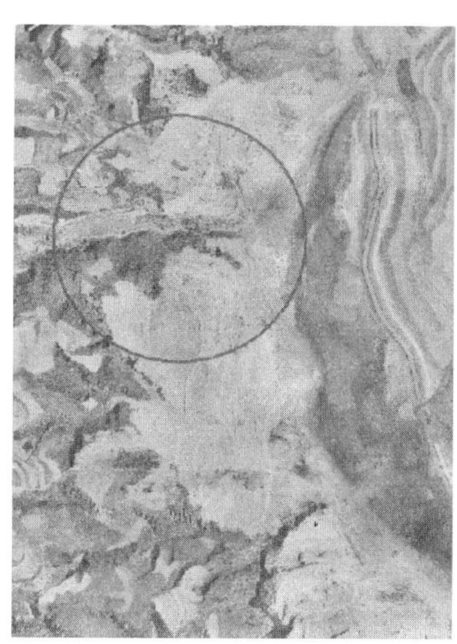 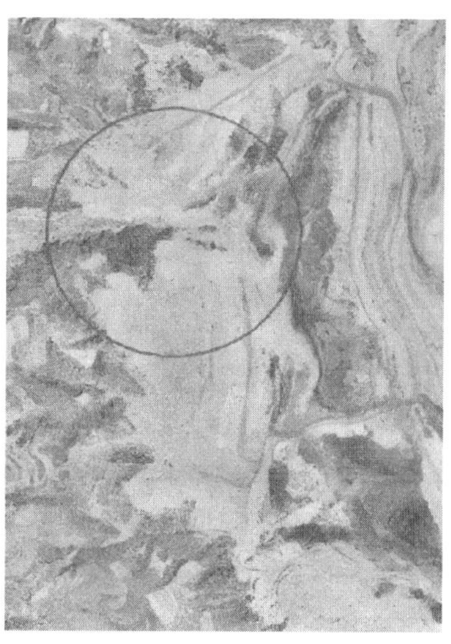

图 7-25　监管生态破坏

5. 矿山定量分析

对于长时间未开采的或者开采废弃的采石场，采用无人机倾斜摄影三维建模，可以很方便地对采石场的情况进行分析、管理以及回填计算。准确地在三维立体模型下量测出采石场的面积、体积、坡度等信息。同时还可以准确地计算出回填的土方量，为采石场的智能化管理提供准确的数据。

在开采矿产的过程中，会引发一些灾害，包括地面沉陷范围、地裂缝长度、塌陷坑位置、山体陷裂（垮塌）范围、崩塌位置、滑坡位置及体积、河道淤塞长度（位置）及煤田（矸石堆、尾矿库）范围等。通过模型对矿山进行分析可以及时避免一些灾害风险，如图 7-26 ~ 图 7-28 所示。

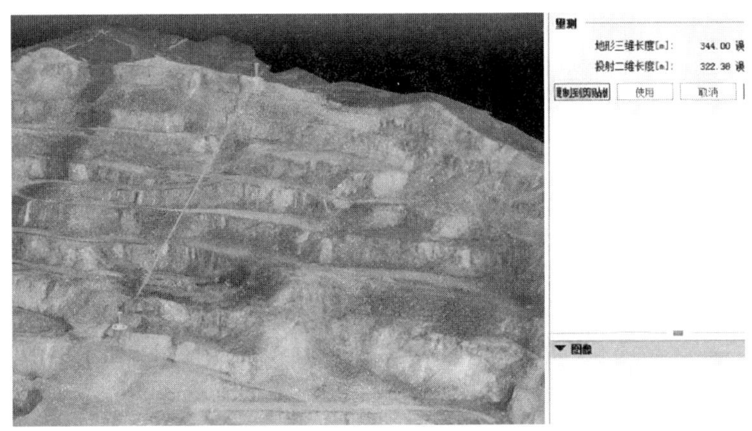

图 7-26　矿区测距

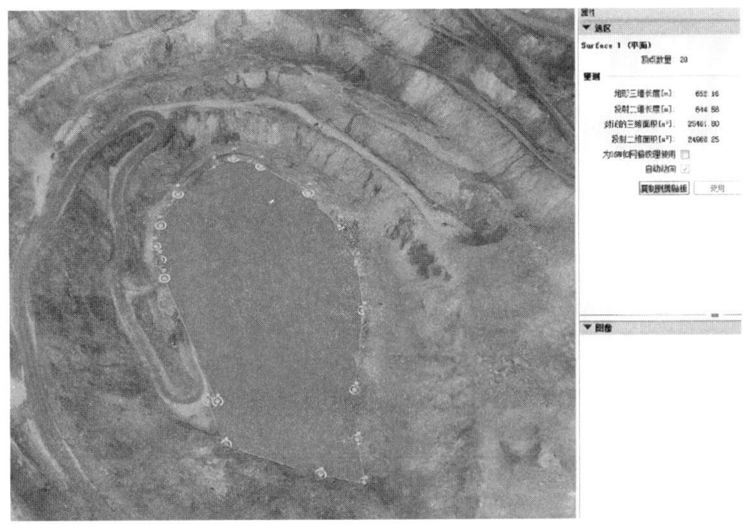

图 7-27　矿区量测面积

图 7-28　矿区量测土方

7.7　水利行业领域

7.7.1　行业背景

随着我国水利行业信息化、智能化水平的不断提高，目前水利行业对水利勘测成果的要求也从传统地形图、断面图向着精度更高、信息更加全面的 DOM、DEM、DSM 及实景三维模型等数据形式转换。

2021 年水利部印发《关于大力推进智慧水利建设的指导意见》《智慧水利建设顶层设计》《“十四五”智慧水利建设规划》，强调完善全国水利一张图，建设数字孪生流域，整合覆盖全国的中等精度数字地形数据和高分辨卫星遥感影像、数字正射影像，集成 L2 级数据底板和 L3 级数据底板，重点区域加强蓄洪空间遥感和无人机监测，完善天、空、地一体化水利感知网。

其中 L2 数据底板是进行数字孪生流域重点区域的精细建模，L3 级底板是进行数字孪生流域重要实体场景的建模，主要建模内容包括高分辨率 DOM、高精度 DEM/DSM，倾斜摄影影像/激光点云等数据。以上数据均可采用无人机遥感手段，基于倾斜摄影或者 LiDAR 技术，获取优于 0.3mDOM、米级 DEM/DSM 的数据。而完善一体化水利感知网，需要升级改造传统水利监测站网，增设监测要素，增加数据传输频次，实现信息采集升级，并通过加强卫星遥感、无人机等新型监测手段，提升流域动态监测能力，构建新型水利监测网。

7.7.2 应用分析1——水利枢纽工程

项目背景：西南地区在建的某大型水利枢纽工程，地形复杂，坝高山陡，利用无人机地空摄影技术做水利枢纽大范围数据采集，获取初始地形模型，而后利用初始地形设计精细航线，开展无人机地空摄影及无人机激光数据采集，预处理后融合两次作业成果，进行精细的三维建模，最终获取高精度的三维水利枢纽模型。

作业设备：硬件设备采用大疆 M300 RTK 无人机，光学 P1 和激光雷达传感器 L1 载荷，并通过大疆 Terra 和 Context Capture 软件进行后续模型处理。

结论：鉴于水利枢纽的复杂性和特殊性，采用常规测量手段建模难度大，作业效率低，且细节易丢失，而基于可变高无人机地空摄影测量和三维激光扫描的多源融合建模技术能有效地解决水利枢纽高精度三维空间数据的获取问题，进而实现构建高精度三维水利枢纽模型。

成果如图 7-29 展示。

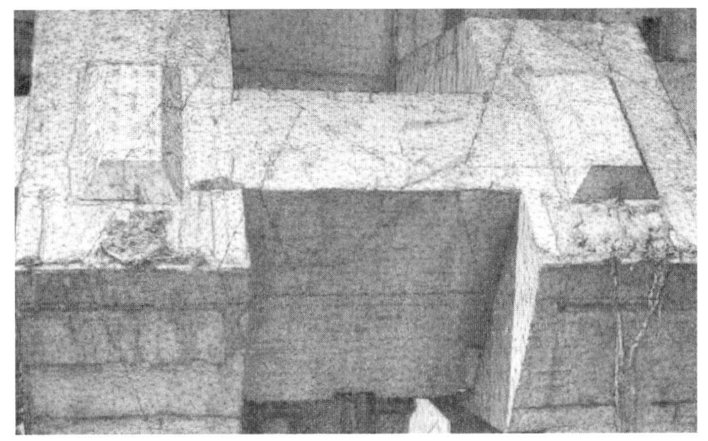

图 7-29　水利枢纽工程三维模型

7.7.3 应用分析2——河道整治工程

项目背景：安徽合肥市某水利建设项目，需测量沿线地形地貌情况，为后期河道整治工作提供依据，如图7-30所示。

图7-30 无人机河道整治

成果需求：

地形图：堤防1:1000带状地形图。

堤防横断面图：竖向比例1:100，横向比例1:1000。

堤防纵断面图：竖向比例1:100，横向比例1:500。

河流横断面图：每隔500m测量一个完整河流横断面。

航测作业：

全线共布设26个检查点，采用大疆经纬M300 RTK + 禅思L1航带飞行，共飞行3架次，采集9km河道数据；采用大疆制图软件进行建模处理，并使用第三方软件（天宝TBC结合CASS）生成地形图及断面图。

最终26个检查点高程中误差为4.5cm，完全满足业务要求。

成果如图7-31、图7-32所示。

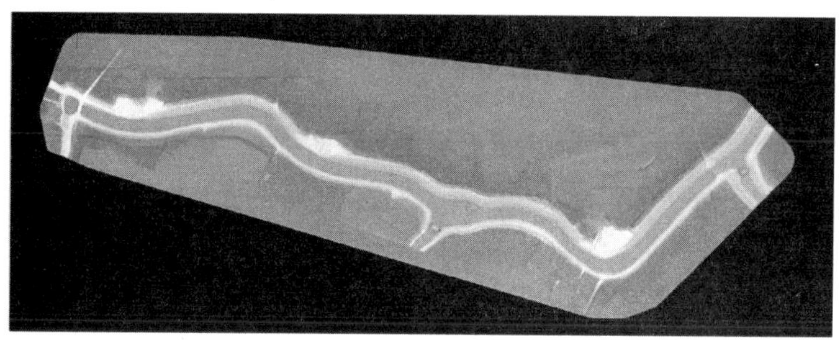

图7-31 滤波后的DEM图

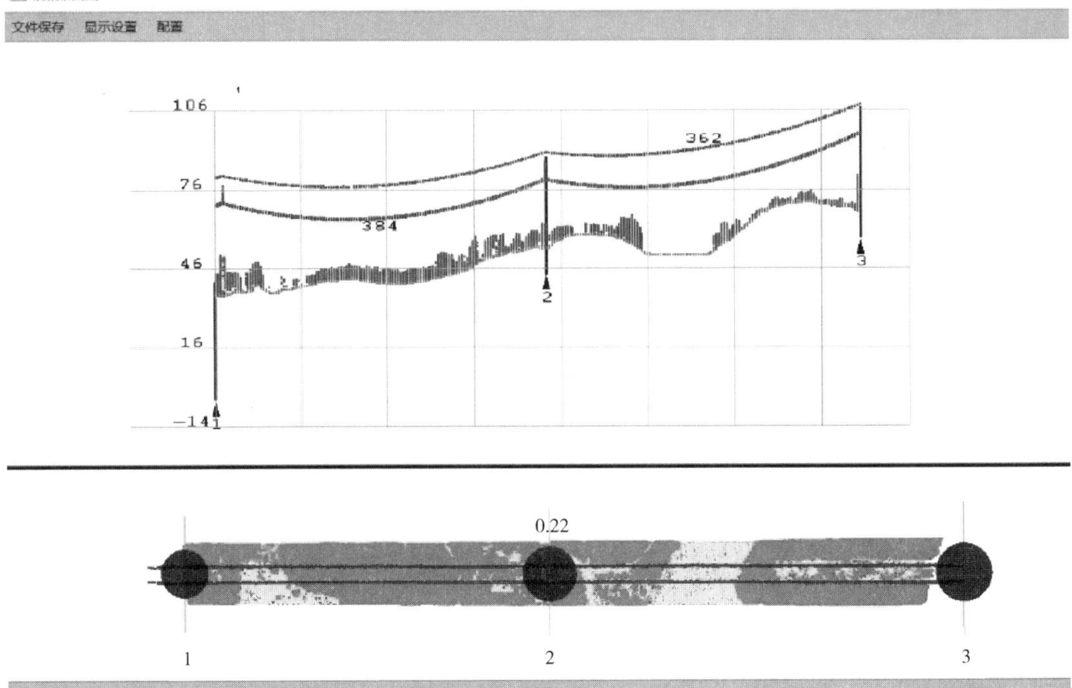

图 7-32 工程断面图

7.7.4 应用分析 3——河道环境监测

针对自然保护区资源及河道环境变化监测，可采用无人机挂载多光谱载荷进行监查。发挥无人机机动、灵活、大面积快速作业的优势，对疑似污染源、河岸线生态等指标进行快速定性分析，并成图直观展示，打造环境精准的监测平台。

生态环境航空遥感监测系统由无人机搭载多光谱载荷，快速获取河道高分辨率多源遥感影像，通过简单易用的预处理软件完成对原始数据的一键化处理，其成果导入深度定制的专家算法模块，无须操作人员具备专业知识，即可自动完成水域面积计算、水污染分级、岸线环境调查、水面垃圾定位等功能，实现河道生态环境巡检作业一体化，为常规河道监测模式提供数据支持及执法依据，辅助用户规划生态环保治理的宏观措施。

技术流程：

1）无人机挂载多光谱载荷，确定测区范围，制订航飞方案。

2）无人机飞行作业，拍摄多光谱影像。

3）对影像进行内业处理，生成影像图，可分析处理生成专题图。

4）根据影像图或专题图进行治理规划。

工作成果如图 7-33、图 7-34 所示。

图 7-33　河道垃圾密度分布

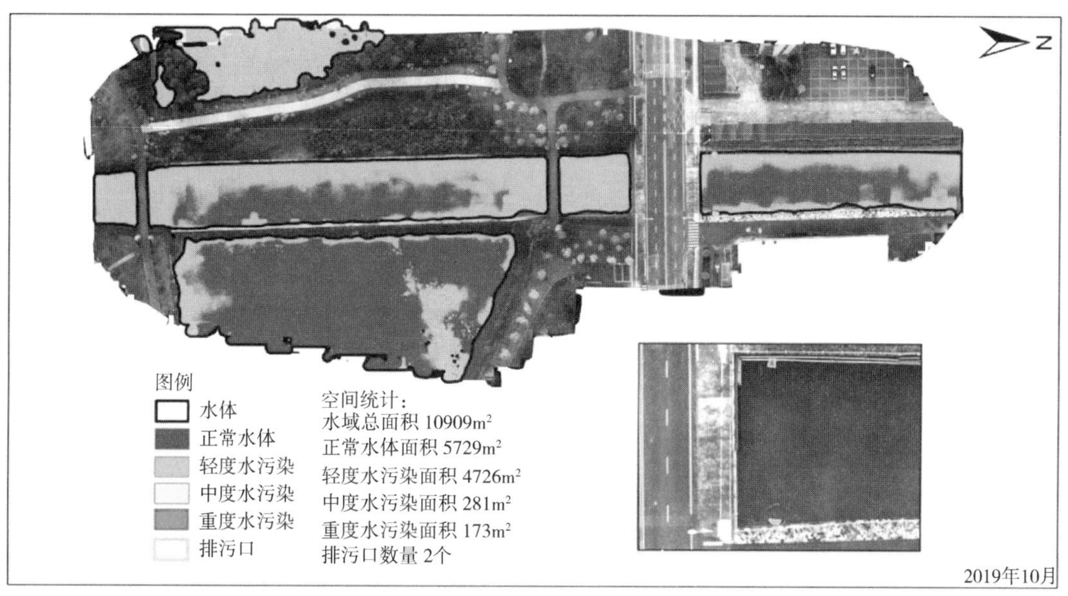

图 7-34　河道污染情况面积统计

7.8　文物保护领域

7.8.1　行业背景

古建筑是人类物质文明和精神文明的产物，是人类历史的见证。由于自然地理气候等原因，古建筑逐渐破败消亡，保护古建筑刻不容缓。近年来，通过倾斜摄影实景三维技术对古建筑进行精细化重建，能够有效地实现文物全方位、立体化的数字化管理存档，有利于形成文物数字治理新格局。武汉大学张祖勋院士提出了“贴近摄影测量”，可将模型成果的分辨率提高到毫米级别。

无人机倾斜摄影技术建模对于建筑精细建模的需求，仍存在一定的局限性：

1）角度、距离等原因，无人机倾斜摄影技术拍摄的立面纹理不够精细。

2）由于传统建筑具有较宽的屋檐，无人机倾斜摄影技术无法拍到斗拱、牌匾等檐下的建筑纹理。

3）受建筑周围树木的遮挡，无人机倾斜摄影技术无法采集建筑立面的纹理。

为弥补无人机倾斜摄影技术建模方法的缺陷，通常采用以下方法加以补充：

1）手动控制无人机对建筑立面和细部进行补拍，这种方法只适用于高大建筑且建筑周边有足够净空的环境。

2）地面上人工持普通相机对建筑立面和细部进行补拍，这种方法比较适合民居建筑。

7.8.2 应用案例1——乐山大佛

四川乐山大佛位于四川省乐山市南岷江东岸凌云寺侧，濒大渡河、青衣江和岷江三江汇流处，高71m，由山体向内开凿而成，形成一个上小下大的复杂内凹结构，给精细建模工作造成了极大的困难，针对乐山大佛这样极不规则的内凹结构体，如何在保持固定分辨率的同时，设计具有足够重叠度的航线是巨大的挑战。

作业流程：

1）经纬 M300 RTK 搭载 DJI P1 采集乐山大佛粗模。

2）使用大疆智图输出粗模点云成果。

3）确认粗模结构完整，提取必要参数进行航线设计（图7-35）。

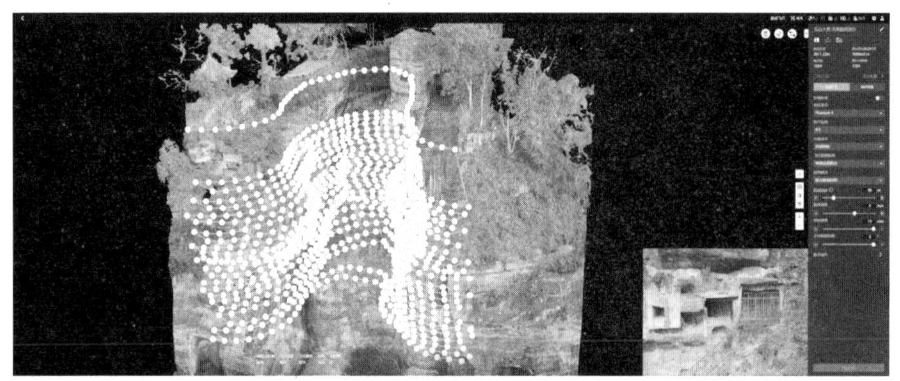

图7-35 无人机航线设计

4）使用第三方软件针对不同结构目标进行航线规划。

5）在大疆智图导入粗模和航线文件进行安全校验。

整个乐山大佛共采集 4537 张照片，使用大疆智图软件经过 32h 完成了精细化的三维模型重建，高精度实景三维模型精准还原了乐山大佛的立体面貌和大佛周边的石刻造像，细节完整清晰，连大佛头部隐而不见的横向排水沟都能够轻松辨别，如图 7-36 所示。

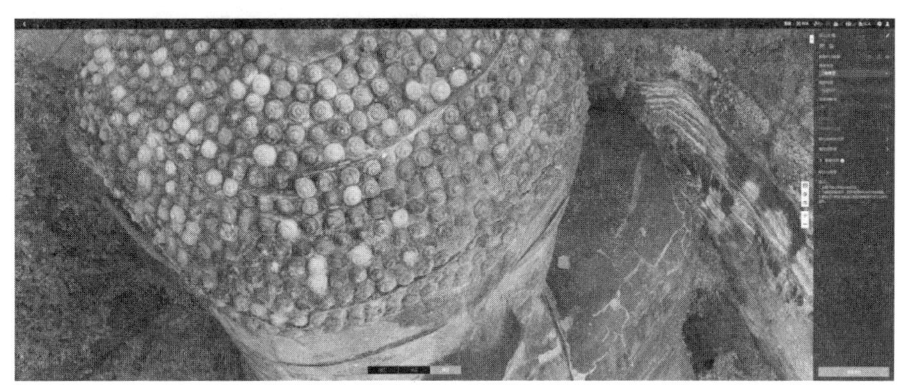

图 7-36　三维精细模型

7.8.3　应用案例 2——悬空寺

悬空寺位于山西省大同市浑源县恒山金龙峡西侧翠屏峰的峭壁间，以如临深渊的险峻而著称。大疆行业应用技术部与武汉大学张祖勋院士团队合作，为山西大同悬空寺建立了高精度实景三维模型，为文物古迹数字化提供了技术支持，进而推动文物的研究、分析及保护。

悬空寺主体利用峭壁的凹凸部分巧妙地依势而建，惊险的地理位置对寺庙的三维建模是一个巨大的挑战。传统的近景摄影测量方式一般是人工手持或者安装脚架进行拍摄、测量，这样具有极大的作业风险，并且无法拍摄到高空的立面场景。如果采用固定翼航测方式，险峻的峭壁环境无法为固定翼飞机提供足够的起降空间；即便从远处起飞，固定翼飞机因无法悬停，同样难以采集到立面影像。

图 7-37　多旋翼无人机执行飞行任务

本次飞行采用精灵 Phantom 4 RTK 多旋翼无人机，实现了 3cm 的平面精度和 5cm 的高程精度，如图 7-37 所示。

作业流程：

1）精灵 Phantom 4 RTK 拍摄少量影像。

2）大疆智图建立测量区域的粗略模型。

3）在粗略模型上进行三维航线规划。

4）精灵 Phantom 4 RTK 自动贴近飞行。

5）将精细飞行后的 730 张照片导入大疆智图进行三维重建。

整座寺庙呈“一院两楼”布局，总长约 32m，楼阁殿宇 40 间，构件变化繁多，采用大疆智图软件，在 6h 内完成 730 张影像的高精度三维重建，精准还原了建筑内的错落变化，大到滑坡，小至建筑内的一根木头断裂，皆可清晰重现。

成果如图 7-38 所示。

图 7-38　三维精细模型

7.9　多源数据融合

7.9.1　行业背景

从空间模型信息化的维度来看，无人机与 BIM 有许多相通之处，它们的作业现场都是基于三维坐标系统的。前者作为硬件产品，充当着空中载具的角色，配合成熟的飞控技术，协助高清摄像头或激光雷达高效获取到真实环境的空间数据，再通过算法校正和处理，最终得到点云数据或三维模型，代表的是实景模型技术。后者作为建筑学、工程学及土木工程的新工具，设计师们可以通过软件把自己大脑里的创意以三维模型的形式重现出来，再往模型里添加大量的设计参数和项目相关信息，来模拟建筑空间所具备的真实信息，代表的是数字模型技术。

无人机能获得某个实景空间大量的点云数据，而且覆盖范围广，效率高，适用于像建筑这种需要获取大面积点云数据的行业。点云数据能反映被扫描对象表面大量的点的信息，高精度的密集点云可以还原这个真实对象，而 BIM 则是设计时的理想状态模型。所以真实对象的点云和 BIM 放在一起，也会延伸出一些实际的用途：

如果 BIM 预计会被设计在点云的空间范围之内，我们也可以根据 BIM 在点云里与周边空间的协调性来分析 BIM 设计是否合理。

如果把点云与 BIM 进行比较，我们就能直观地分析出真实对象与设计构想的误差。

目前无人机获取点云数据主要是借助搭载外置硬件，利用激光测距原理对点云进行采集，精度较高，但成本也较高。而更多的是依靠基于摄影测量原理和计算机视觉的算法对图像像素点信息进行提取，从而导出点云或生成三维模型等实景数据。

密集点云与常见的三维模型是有区别的，一般来说，在密集点云的基础上再经去噪、纹理映射等手段才会得到较为逼真的三维模型。实际上两者都可以与 BIM 结合，但如果只考虑数据结合的层面，那三维模型附带的贴图信息就显得冗杂了。另外，在很多 BIM 软件上，也是推荐导入以“. xyz”和“. las”为后缀的点云文件。

所以，当我们在谈及无人机与 BIM 的结合时，本质上就是思考无人机获取到的点云数据（实景模型技术）和 BIM（或数字模型技术）的结合运用，考虑到无人机的使用场景及其获取的点云范围比较广，因此无人机在建筑领域里更适用于较大场景的工程 BIM。

7.9.2 行业应用

结合上文提到的点云与 BIM 的结合用途，下面按设计阶段、施工阶段和（建成）运维阶段来介绍无人机在建筑领域 BIM 上的应用。

1. 设计阶段

设计前期需要对周边环境进行模型初建，以分析设计模型与周边环境的协调性，从而对设计方案的合理性及方案潜在风险做出评估。可以借助无人机，通过激光扫描或倾斜摄影等方式，获取周边环境的图像数据，通过建模软件处理后软件可以输出稠密点云，或生成三维模型。此时再基于高精度的实景点云模型进行 BIM 设计，便能有效减少设计预期与实际施工不符所产生的改动成本。

2. 施工阶段

在施工阶段，土方平衡调配是土地平整规划设计的一项重要内容。项目人员可以通过无人机对项目现场进行项目数据采集，形成三维点云模型。与 BIM 完成面模型进行比对，即可得到土方开挖回填的工程量，根据数据优化运输距离和倒运方量的平衡方案，如图 7-39 所示。

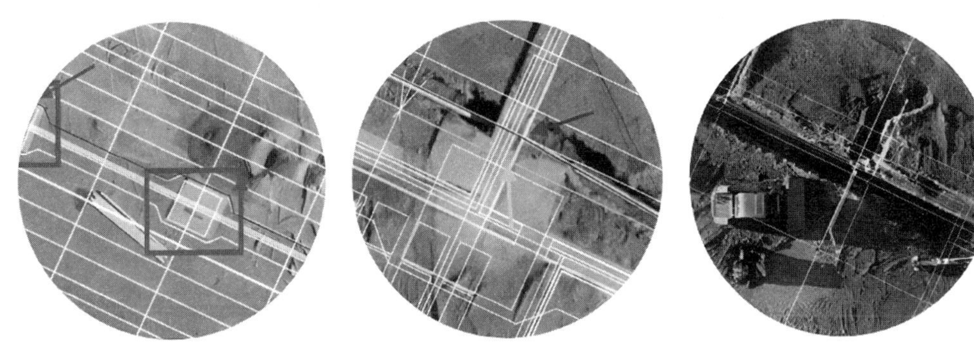

图 7-39　施工阶段现场数据采集

3. 运维阶段

运维阶段的应用主要是指对已建成的建筑物的室外数据收集，无人机同样具有巨大优势。通过无人机对建筑物进行测绘，定期获取建筑物的点云数据并进行存档。技术人员可以通过这些点云数据逆向构建建筑物的 BIM 模型。用于对建筑物现状的监察、分析与维护修缮，也可对有一定历史的建筑物进行结构分析或研究，如图 7-40 所示。

图 7-40　古建筑监察与维护

无人机结合 BIM 专业技术，不仅能够解决项目土方量计算及调配的工程应用问题，还可以利用信息化技术辅助施工项目节约成本，提高施工效率，为建筑行业信息化改革提供新思路。

习题与思考题

1. 请列举至少两种无人机在民用领域的创新应用案例。
2. 请分析未来无人机技术可能的发展方向及对人类社会的影响。

参考文献

[1] 张祖勋，张剑清．数字摄影测量学［M］．武汉：武汉大学出版社，2012.

[2] 刘仁钊，马啸，等．无人机倾斜摄影测绘技术［M］．武汉：武汉大学出版社，2020.

[3] 李艳，张秦罡，等．无人机航空摄影测量数据获取与处理［M］．成都：西南交通大学出版社，2021.

[4] 郭学林，冯伍法．无人机测量技术［M］．2 版．郑州：黄河水利出版社，2021.

[5] 张丹，刘广杜．摄影测量［M］．3 版．郑州：黄河水利出版社，2021.

[6] 李帅，范项媛．基于 Qt 的无人机地面站软件系统的设计［J］．雷达科学与技术，2017. 15（4）：410-414，420.

[7] 杨国东，王民水．倾斜摄影测量技术应用及展望［J］．测绘与空间地理信息，2016，39（1）：13-15，18.

[8] 曲林，冯洋，支玲美，等．基于无人机倾斜摄影数据的实景三维建模研究［J］．测绘与空间地理信息，2015，38（3）：38-39，43.

[9] 谭仁春，李鹏鹏，文琳，等．无人机倾斜摄影的城市三维建模方法优化［J］．测绘通报，2016（S2）：193-196.

[10] 柳婷，陈小松，张伟．无人机倾斜摄影辅助 BIM + GIS 技术在城市轨道交通规划选线中的应用［J］．测绘通报，2017（S1）：197-200.

[11] 周洁萍，龚建华，王涛，等．汶川地震灾区无人机遥感影像获取与可视化管理系统研究［J］．遥感学报，2008（6）：877-884.

[12] 褚杰，盛一楠．无人机倾斜摄影测量技术在城市三维建模及三维数据更新中的应用［J］．测绘通报，2017（S1）：130-135.

[13] 孙长奎，刘善磊，王圣尧，等．浅谈无人机遥感技术在智慧城市建设中的应用［J］．国土资源遥感，2018，30（4）：8-12.

[14] 肖武，胡振琪，张建勇，等．无人机遥感在矿区监测与土地复垦中的应用前景［J］．中国矿业，2017，26（6）：71-78.

[15] 王昆，杨鹏，吕文生，等．无人机遥感在矿业领域应用现状及发展态势［J］．工程科学学报，2020，42（9）：1085-1095.